本项目受国家自然科学基金委员会重大研究计划

“华北克拉通破坏”资助

“华北克拉通破坏”指导专家组

组　长：朱日祥

副组长：张国伟　金振民

专　家：李曙光　邹广田　张先康　范蔚茗

总主编　杨　卫

华北克拉通破坏

Research on Destruction of the North China Craton

华北克拉通破坏项目组 编

总　序

合抱之木生于毫末，九层之台起于垒土。基础研究是实现创新驱动发展的根本途径，其发展水平是衡量一个国家科学技术总体水平和综合国力的重要标志。步入新世纪以来，我国基础研究整体实力持续增强。在投入产出方面，全社会基础研究投入从 2001 年的 52.2 亿元增长到 2016 年的 822.9 亿元，增长了 14.8 倍，年均增幅 20.2%；同期，SCI 收录的中国科技论文从不足 4 万篇增加到 32.4 万篇，论文发表数量全球排名从第六位跃升至第二位。在产出质量方面，我国在 2016 年有 9 个学科的论文被引用次数跻身世界前两位，其中材料科学领域论文被引用次数排在世界首位；近两年，处于世界前 1% 的高被引国际论文数量和进入本学科前 1‰的国际热点论文数量双双位居世界排名第三位，其中国际热点论文占全球总量的 25.1%。在人才培养方面，2016 年我国共 175 人（内地 136 人）入选汤森路透集团全球“高被引科学家”名单，入选人数位列全球第四，成为亚洲国家中入选人数最多的国家。

与此同时，也必须清醒认识到，我国基础研究还面临着诸多挑战。一是基础研究投入与发达国家相比还有较大差距——在我国的科学研究与试验发展（R&D）经费中，用于基础研究的仅占 5% 左右，与发达国家 15%~20% 的投入占比相去甚远。二是源头创新动力不足，具有世界影响力的重大原创成果较少——大多数的科研项目都属于跟踪式、模仿式的研究，缺少真正开创性、引领性的研究工作。三是学科发展不均衡，部分学科同国际水平差距明显——我国各学科领域加权的影响力指数（FWCI值）在2016年刚达到0.94，仍低于1.0的世界平均值。

中国政府对基础研究高度重视，在“十三五”规划中，确立了科技创新在全面创新中的引领地位，提出了加强基础研究的战略部署。习近平总书记在2016年全国科技创新大会上提出建设世界科技强国的宏伟蓝图，并在2017年10月18日中国共产党第十九次全国代表大会上强调“要瞄准世界科技前沿，强化基础研究，实现前瞻性基础研究、引领性原创成果重大突破”。国家自然科学基金委员会作为我国支持基础研究的主渠道之一，经过30多年的探索，逐步建立了包括研究、人才、工具、融合四个系列的资助格局，着力推进基础前沿研究，促进科研人才成长，加强创新研究团队建设，加深区域合作交流，推动学科交叉融合。2016年，中国发表的科学论文近七成受到国家自然科学基金资助，全球发表的科学论文中每9篇就有1篇得到国家自然科学基金资助。进入新时代，面向建设世界科技强国的战略目标，国家自然科学基金委员会将着力加强前瞻部署，提升资助效率，力争到2050年，循序实现与主要创新型国家总量并行、贡献并行以至源头并行的战略目标。

“中国基础研究前沿”和“中国基础研究报告”两套丛书正是在这样的背景下应运而生的。这两套丛书以“科学、基础、前沿”为定位，以“共享基础研究创新成果，传播科学基金资助绩效，引领关键领域前沿突破”为宗旨，紧密围绕我国基础研究动态，把握科技前沿脉搏，以科学基金各类资助项目的研究成果为基础，选取优秀创新成果汇总整理后出版。其中“中国基础研究前沿”丛书主要展示基金资助项目产生的重要原创成果，体现科学前沿突破和前瞻引领；“中国基础研究报告”丛书主要展示重大资助项目结题报告的核心内容，体现对科学基金优先资助领域资助成果的系统梳理和战略展望。通过该系列丛书的出版，我们不仅期望能全面系统地展示基金资助项目的立项背景、科学意义、学科布局、前沿突破以及对后续研究工作的战略展望，更期望能够提炼创新思路，促进学科融合，引领相关学科研究领域的持续发展，推动原创发现。

积土成山，风雨兴焉；积水成渊，蛟龙生焉。希望“中国基础研究前沿”和“中国基础研究报告”两套丛书能够成为我国基础研究的“史书”记载，为今后的研究者提供丰富的科研素材和创新源泉，对推动我国基础研究发展和世界科技强国建设起到积极的促进作用。

第七届国家自然科学基金委员会党组书记、主任

中国科学院院士

2017 年 12 月于北京

前　言

广袤的陆地和海疆，富藏的地球演化记录，严酷的自然挑战，孕育了中国地球科学家先辈的睿智和贡献；然而，在技术落后的近代，中国的地球科学研究长期徘徊于大而不强之境。改革开放以来，创新前行的中国技术实力持续增强，中国政府对基础研究高度重视，投入和支撑持续增加，推动中国地学研究走向国际舞台，开启中国从地学大国走向地学强国的征程。

以全球视野，瞄准科学前沿，立足自身优势的科学决策和判断，“华北克拉通破坏”被遴选为国家自然科学基金重大研究计划。自 2007 年至 2017 年，该重大研究计划以总经费 2 亿元的强度，共资助相关研究项目 66 项。

回顾这十年征程，这一步走得掷地有声。克拉通是大陆地壳上长期稳定的构造单元。华北克拉通从形成（18 亿年前）到 2 亿年前保持稳定，但 2 亿年以来发生大规模岩浆活动、强烈地壳变形和大地震，其活跃的地球演化内涵和规律成为地球科学家不倦探索近百年的难题。今天，中国科学家以全球动力学体系的视野，立足于探寻大陆演化规律，从克拉通稳定和失稳的动力学过程来看华北板块，把华北克拉通破坏作为探索大陆构造新理论的关键切入点，全面布局开展研究。该重大研究计划以观测和实验获取的原始资料为基础，以地质构造、地球物理、岩石学地化、实验模拟、资源环境灾害、学科集成和战略研究为布局，以地质、地球物理和地球化学多学科综合研究为手段，提出“克拉通破坏”新概念，使华北克拉通破坏成为全球研究热点，提升了中国固体地球科学研究的国际学术地位。

该重大研究计划取得了一批具有重大创新的研究成果：积累了研究大陆演化的重要基础资料，研发了系列原位微区年代学和同位素分析方法及深部探测技术；探明了华北克拉通的深部结构与构造，查明了中—新生代岩浆作用的时空差异，厘定了华北克拉通破坏的时空范围；确定了早白垩世西太平洋板块俯冲作用是导致华北克拉通破坏的一级外部控制因素和驱动力；探索了克拉通破坏的浅部效应，确定胶东地区金矿床形成主要受控于华北克拉通破坏过程中的大规模岩浆作用；提出了克拉通破坏的实质是岩石圈地幔物质组成与物理化学性质发生了根本性的转变，从而克拉通固有的稳定性遭到破坏，建立了克拉通破坏理论体系。这些中国近年来最具国际影响的固体地球科学研究成果，为中国地球科学家走向全球起到引领作用。

在国际地学研究舞台的博弈极大地推动了我国地球科学学科综合人才的培养。该重大研究计划实施期间，主要科研人员中有 32 人入选美国信息科学研究所（ISI）ESI 地学高引用率科学家名录，相关人员中有 6 位获国家自然科学基金委员会优秀创新群体资助，有 6 位项目负责人当选为中国科学院院士，16 位青年科研人员获国家自然科学基金委员会杰出青年基金资助。

本书作为“中国基础研究报告”丛书之一，总结了“华北克拉通破坏”这一重大研究计划的科学思路、核心科学问题、研究目标、研究布局、管理理念和模式，概述了取得的重要成果和重大进展，阐述了对全球动力学研究的战略展望。

华北克拉通破坏项目组

目 录

第 1 章　项目概况

1.1 项目介绍

地球表面由大陆和大洋两部分组成。大陆仅占整个地球表面的三分之一，但却是人类赖以生存的场所，人类所利用的 95% 以上的自然资源来自大陆。因此，大陆的形成与演化一直是固体地球科学中最根本、最重要的科学问题，更是解决国家资源能源重大需求的根本所在。对于大陆形成和演化、内部结构及其对资源的控制作用，人们进行了长期探索。20 世纪 60 年代提出的板块构造理论极大地促进了地球科学的发展，它解释了大洋板块的生成、发展和消亡过程，阐释了大陆边缘地震、岩浆活动和地壳变形的原因，论证了海底扩张和板块水平运动的方式，总结了板块裂解、离散、漂移和汇聚的发展规律，从而成为了解全球构造发展的指导性理论。板块构造理论为了解全球构造格局作出了重大贡献，是地球科学的一场革命。板块构造理论主要是依据人们对大洋地质与构造的不断深入认识而创立的。板块构造理论认为岩石圈板块是刚性的，地壳变形与岩浆活动仅限于板块边缘。这一认识对于大洋岩石圈较为适用。对于大陆地质的研究结果显示，大陆地壳普遍经历了构造变形，发生过不同程度的岩浆活动和变质作用，而板块构造理论对大陆地质过程和动力机制无法给予合理的解释。进一步研究发现，大陆岩石圈与大洋岩石圈在物质组成、结构、流变学、深部热构造等方面存在巨大的差异。对大陆演化独特性的认识，促使人们开始重新审视大陆动力学，寻求能够合理解释大陆演化的理论，因而，大陆演化及其动力学的研究已成为催生地球科学新理论的突破口。近年来，国内外都设立了一系列重大研究计划探索大陆的形成和演化，试图建立新的大陆演化理论体系。

大陆由造山带与克拉通组成，前者是活动的，后者是稳定的。这一观点最初由槽—台学说所提出，板块构造理论对此基本是继承性接受。克拉通稳定的原因在于它具有低密度、低水含量和巨厚的岩石圈根，从而能漂浮在软流圈之上。克拉通厚而干的岩石圈地幔使其能够在很大程度上抵御后期地质作用的改造而免遭破坏，因此，传统理论认为克拉通是稳定的。除了少数来自地球深部的岩浆活动外，克拉通基本不发生岩石圈或地壳内部的构造变形和大规模的岩浆作用，没有强烈的地震活动。华北克拉通保存有大于 38 亿年的古老陆壳，在 18 亿年前进入稳定的克拉通阶段，并且在中生代前长期处于稳定状态。然而，我国华北克拉通东部在中生代发生了明显的岩石圈减薄与克拉通破坏，使其原有的稳定特征荡然无存。这表明克拉通既可以长期稳定，也可以变得不稳定，这是经典板块构造理论所不能解释的重大地质现象。因而引出了一个重要的科学问题，即原本稳定的克拉通为何能够被破坏。华北克拉通中—新生代的活动现象早已被我国地质学家所认知，并有不同的解释。早在 20 世纪初，翁文灏先生根据华北克拉通北部侏罗—白垩纪构造—岩浆（火山）活动情况，提出了“燕山运动”的概念。随后，陈国达先生提出了“地台活化”的观点。20 世纪 90 年代，中外学者基于对前人资料的研究发现，华北克拉通东部岩石圈厚度减薄了 100 多千米，从而提出了“岩石圈减薄”或“去根”的概念。虽然众多地球科学家对华北克拉通进行了长期的研究，但华北克拉通稳定性丧失的时空范围和动力学机制一直困扰着地球科学家，克拉通为什么会失去稳定性这一根本问题一直悬而未决。因此，克拉通为何被破坏是困扰地球科学家近百年的难题。

华北克拉通是全球克拉通破坏的典型，中国的这一地域优势和研究积累，为我国引领这一研究领域、抢占学术制高点创造了有利条件。国家自然科学基金委员会于 2007 年启动了“华北克拉通破坏”重大研究计划（以下简称本重大研究计划），并于 2017 年年底结题。本重大研究计划按照完成科学目标的需要，以克拉通破坏为核心科学问题，以观测和实验获取的原始资料为基础，以地质构造、地球物理、岩石学地化、实验模拟、资源环境灾害、学科集成和战略研究为布局，共设立了学科类和综合集成类项目 66 项，资助总经费达 2 亿元，涉及地球科学部、数理科学部、信息科学部等学部。本重大研究计划集中了我国在地球科学、数理科学和信息科学等领域的优势研究力量，突破传统学科界线的束缚，进行不同学科间有效的交叉融合；针对华北克拉通形成之后的破坏和再造作用及其构造、岩浆、成矿和古环境效应等问题，取得突破性研究进展，使我国在完善地球形成与演化的理论体系以及在地球系统科学理论框架的建立过程中作出原创性贡献，为我国由地学大国变为地学强国提供切实可行的突破口。经过十年努力，本重大研究计划充分发挥地质、地球物理、地球化学等多学科综合优势，通过观测、实验和理论研究，从地球系统科学的角度认识华北克拉通破坏的时空分布范围和过程，揭示了克拉通破坏时地球内部不同圈层的相互作用和动力学机制，创建了克拉通破坏理论体系，探索了克拉通破坏的资源效应，实现了重大科学问题的突破，提升了对大陆形成与演化的认知水平。本重大研究计划的实施使得“华北克拉通破坏”成为全球大陆演化与动力学研究的热点，中国科学家在此领域发挥了引领作用，显著提升了我国固体地球科学研究的国际学术地位。

1.1.1 项目部署和综合集成情况

本重大研究计划的实施按国家自然科学基金委员会“十一五”重大研究计划的有关管理规定执行。遵照“依靠专家、科学管理、有利创新”的管理宗旨，实行以专家学术管理与基金资助管理相结合的管理思路，设立了本重大研究计划指导专家组和管理工作组，负责项目的组织实施。

部署项目中，构造地质类项目 8 项，资助经费 1840 万元；地球物理类项目 13 项，资助经费 4585 万元；岩石学与地球化学类项目 17 项，资助经费 3900 万元；资源环境灾害类项目 11 项，资助经费 2910.2 万元；实验与模拟类项目 7 项，资助经费 1490 万元；学科集成、专家组工作类项目 10 项，资助经费 5274.8 万元。国内主要地学研究院所和高校不同学科的地学科学家参加了本重大研究计划的实施。目前本研究计划共有 40 个单位参加，项目骨干人员超过 686 人（未统计参加项目的研究生），其中参加本研究计划的海外学者 13 人，海外单位 10 个。

设立本重大研究计划，在科学上力求突破板块构造理论，提出有关大陆形成与演化的新认识和新理论，提升人类对地球形成与演化的认知水平；通过本重大研究计划的实施，造就一批具有国际影响力的杰出科学家和进入国际科学前沿的创新团队；同时带动地质学、地球物理学、地球化学等学科的跨越式发展，及地球科学与数理科学（如数值模拟、高温高压实验研究）和信息科学间的交叉融合，促进地球深部探测和国家化观测平台的建立。

1.1.2 项目管理情况

1. 管理模式

要实现重大科学问题的突破这一目标，依靠专家是根本。通过成立本重大研究计划指导专家组，负责项目的立项、管理与集成，使依靠专家落到实处。国家自然科学基金委及地球科学部、数理科学部和信息科学部共同成立管理工作组，指导管理工作；充分信任指导专家组，保障本重大研究计划的顺利实施。

2. 以科学目标为引导的顶层设计

指导专家组在广泛听取有关专家意见和建议的基础上，明确围绕华北克拉通破坏这一科学命题应开展的研究工作，做好以科学目标为引导的顶层设计。在本重大研究计划实施的上半阶段，“华北克拉通破坏”研究集体通过大量观测实验和地质、地球物理、地球化学多学科综合研究，明确了华北克拉通破坏的时空范围，提出了华北克拉通破坏的机制。在取得这些重要进展的基础上，本重大研究计划指导专家组于后半阶段组织实施了集成研究。各学科的集成研究开展了对已有认识的总结与综合分析、关键问题的攻关研究以及原始资料汇总。综合集成研究的目标在于全面深化对华北克拉通破坏的研究成果，提升大陆形成和演化的认知水平。

3. 引导学科交叉，实现重大科学问题的突破

本重大研究计划在定位、顶层设计与项目布局中都十分注重实质性的学科交叉。在顶层设计上，计划通过地球物理、地球化学、地质学、高温高压实验和数值模拟等多学科的综合研究与联合攻关实现总体科学目标。在项目布局上，安排了不同学科的研究项目，其中地球物理类项目 13 项，岩石学与地球化学类项目 17 项，地质类项目 19 项（包括构造地质类 8 项和资源环境灾害类 11 项），实验与模拟类项目 7 项。由此实现了本重大研究计划由多学科科学家共同承担，依靠多学科之间的综合研究与联合攻关解决核心科学问题。

指导专家组成员分工明确，责任心强，分别跟踪各个项目的研究动态

与进展，并且通过联合野外工作和每年的重大研究计划学术研讨会等形式具体指导学科交流合作。本重大研究计划每年召开全团队的学术交流会议，主要由在研的项目报告最新研究结果，并汇集地质、地球物理、岩石和地球化学等不同专业的研究人员共同探讨。每次会议三百多人与会，有二十多位科研人员作学术报告，学术气氛十分活跃。会上的信息和争论被带入后续研究工作，有效推进了学科融合。每年举行一次重大研究计划项目负责人会议，促进不同项目负责人之间的联系和学术思想及信息的及时交流，促进新的科学研究群体的形成及多学科交叉融合，促进指导专家组成员与项目负责人之间的交流。

4. 提升国际化影响力

在国家实行全面改革开放的大背景下，地学基础研究走上国际舞台是提升研究能力和水平的必由之路。本重大研究计划管理推动各项目开展了广泛的国际合作和交流。在国际刊物发表学术成果，参加国际地质大会、AGU（美国地球物理协会秋季会议）及多类专业国际会议，发表和交流研究成果，已是研究团队常规的学术活动。澳大利亚、美国、英国、法国、朝鲜、韩国、德国、日本等国的科学家经常来华进行联合地质考察和实验技术交流及学术交流，超过 150 人次；我国学者出访上述国家超过 160 人次。

2011 年，本重大研究计划组织举办了为期 4 天的“华北克拉通形成与破坏国际会议”，邀请了该领域著名学者，如英国皇家科学院、澳大利亚科学院、挪威科学院和美国科学院院士作特邀学术报告。来自中国、美国、英国、澳大利亚、法国、德国、日本、俄罗斯、印度等国的近 200 名专家、学者和学生参加了此次会议，围绕“克拉通破坏”“克拉通形成及其早期演化”“克拉通 VS 造山带”三个主题作了 50 个特邀报告和口头报告以及 60 多个展板报告。

本重大研究计划还组织在 *Lithos* 和 *Gondwana Research* 上各出版 1 册

“华北克拉通破坏”研究专辑，作为国家自然科学基金委 2013 年在 *Nature Geoscience* 的“Focus Issue”报道的我国地球科学领域的 4 项重大研究进展的第一项，向国际学术界介绍“华北克拉通破坏”研究成果。

5. 管理办法探索

管理工作组根据本重大研究计划的特点，在管理方面进行了探索，突破一些传统做法，取得了成效。例如，国家自然科学基金委每年发布申请指南，提出具体的研究内容和需要解决的科学问题。根据“以科学问题为先导”和“择优支持”的原则，对研究计划的经费只作预算控制，不严格切块。在对申请项目的同行评议中，由管理部门提出评审人，再提请专家组复审和提议，以提高评审能力。

1.2 研究情况

1.2.1 总体科学目标

从地球系统科学的角度，高度集成现代科学的分析技术、探测手段和利用高新技术为先导的观测、实验和理论研究成果，认识华北克拉通破坏的时空分布范围、过程与机理，克拉通破坏时地球内部不同圈层物质的性状、结构与相互作用，克拉通破坏的浅部效应及对矿产资源、能源、灾害的控制机理，提升人类对大陆形成与演化的认知水平。

1.2.2 核心科学问题

本重大研究计划拟解决 7 个核心科学问题：

（1）华北克拉通破坏的时空分布；

（2）华北克拉通破坏的深部过程与全球事件的联系；

（3）华北克拉通破坏的浅部效应；

（4）华北克拉通破坏与矿产资源聚集的关系；

（5）华北克拉通破坏与现今大地震活动的关系；

（6）华北克拉通破坏的机制、过程和动力学；

（7）克拉通破坏在全球地质和大陆演化中的意义。

1.2.3 预期成果

本重大研究计划的预期成果如下：

（1）厘定华北克拉通破坏的时空范围和破坏历史；

（2）认识华北克拉通破坏的动力学机制，提出大陆形成与演化的新理论；

（3）为认识华北克拉通金属矿产和油气资源分布规律以及地质灾害发生的机制提供科学依据；

（4）提升地质、地球物理、地球化学的多学科综合研究水平，促进地球科学与数理科学、信息科学的交叉融合，发展交叉学科新的生长点；

（5）培养一批具有国际影响力的杰出科学家和进入国际科学前沿的研究团队；

（6）促进地球深部探测国家化观测平台的建立。

1.3 取得的重大进展

本重大研究计划通过十年的研究，提出了“克拉通破坏”新概念，限定了克拉通破坏的时空范围，揭示了克拉通破坏的过程与机制，探索了克拉通破坏的浅部效应，解决了核心科学问题，完成了预期成果，实现了预定的科学目标。在原定的 7 个核心科学问题中，除了“华北克拉通破坏与现今大地震活动的关系外”，其他皆得以解决。本重大研究计划设立了一个地震构造研究的重点项目，综合研究了华北克拉通破坏区最新构造变动样式和分区构造特征。对于 6 项预期成果，除了关于华北克拉通油气资源分布规律和地质灾害发生的机制还需要继续深入研究外，其他 5 项预定的成果均已出色完成。

本重大研究计划取得的科学成就概括如下。

（1）持续在华北克拉通及邻区全面开展地质考察、岩石采样和地球化学实验及深部结构探测，全面获取原始观测信息。依托先进的探测实验技术，对原始样品和数据进行了高分辨率的分析研究，基本达到覆盖目标区的多学科探测，为深入研究大陆演化提供了重要的基础资料。

（2）自主研发了系列原位微区年代学和同位素分析方法及深部探测技术，并将这些开拓性的方法与技术广泛应用到克拉通破坏与全球大陆构造研究领域。

（3）全面开展了对华北克拉通演化过程的深入研究，揭示了克拉通岩石圈厚度的变化规律，查明了中—新生代岩浆作用的时空差异，明确厘定了华北克拉通破坏的时空范围。

（4）确定了早白垩世西太平洋板块俯冲作用是导致华北克拉通破坏的一级外部控制因素和驱动力；西太平洋板块俯冲、回撤以及俯冲板片在地幔过渡带的滞留脱水使上覆地幔发生熔融和非稳态流动，是克拉通破坏的主要途径。

（5）提出了岩石圈减薄、大规模的岩浆活动和构造变形只是华北克拉通演化过程中的表现形式，其实质是岩石圈地幔的物质组成与物理化学性质发生了根本性的转变，导致克拉通固有的稳定性遭到破坏，建立了克拉通破坏理论；论证了洋—陆相互作用导致克拉通破坏与大陆增生是全球大陆演化普遍规律，发展了板块构造理论。

（6）探索了克拉通破坏的浅部效应，确定了胶东地区金矿床形成主要受控于华北克拉通破坏过程中的大规模岩浆作用，为国家将辽东作为黄金接替基地提供了科学依据。

1.3.1 完成的主要科研工作

本重大研究计划完成的主要科研工作可归纳如下。

1. 多学科的全域观测研究

本重大研究计划执行的十年中，33 个地质、地球物理和岩石地化类项目持续在华北克拉通及邻区全面开展地质考察、岩石采样和地球化学实验、深部结构探测，尽可能全面获取原始信息。依托先进的探测实验技术对原始样品和数据做高精度（分辨率）的分析研究，基本达到覆盖目标区的多学科观测，使研究立足于地球观测的坚实基础。

（1）地质考察：考察研究了郯庐断裂带变形，胶东、辽东、内蒙古变质核杂岩和伸展穹隆，燕山和太行山伸展和收缩变形，燕山带地层和盆地，鄂尔多斯周缘推覆构造，以及中国东部的岩浆活动与构造变形等。

（2）岩石采样和地球化学实验：对不同地区古生代、中生代、新生代典型岩浆活动的产物及其携带的深源岩石捕虏体和矿物捕虏晶进行野外调查和岩石采样。研究样品主要包括中、新生代玄武岩及地幔捕虏体，中生代镁铁质岩浆岩，中生代花岗岩、埃达克质岩，不同时期的地体麻粒岩、火山岩中的下地壳麻粒岩捕虏体等。对出露在辽东、山东、汉诺坝、燕山带、林西地区、朝鲜半岛、郯庐断裂带、中央造山带，大别—苏鲁造山带等克拉通东部地区的大量岩石样品做了年代学测量和地球化学分析测试的系统性研究。

（3）深部结构的地震探测：为探测华北克拉通及邻区下地壳、上地幔结构，本重大研究计划全面部署，实施了覆盖全区域的地震探测。在整个华北克拉通及周缘部署了 8 条剖面和 1 个二维台阵、总计 688 台站的流动台阵地震观测，并结合主动源地震探测的互补性，完成了 3 条长观测距人工地震宽角反射 / 折射剖面观测（3650 km）和 2 条气枪源 OBS 深地震海陆联合观测剖面（860 km）。通过发展和应用有效地震成像技术，从地震数据中获取了华北地区地壳和上地幔地震波速度分布、速度间断面结构形态、上地幔各向异性等信息，为从地球内部动力学过程来认识克拉通破坏、探索大陆形成演化机理奠定基础。

2. 研究“克拉通破坏”的本质和演化规律

本重大研究计划全面开展了对“克拉通破坏”的本质和演化规律的研究，取得的主要研究结果如下：

（1）明确厘定了华北克拉通破坏的时间范围；

（2）明确厘定了华北克拉通破坏的空间范围；

（3）识别了华北克拉通破坏的地表地质响应；

（4）识别了华北克拉通破坏对地壳的改造；

（5）发现并研究了岩石圈组成和性质的变化及其机制；

（6）识别了中生代华北岩石圈地幔的富水特征；

（7）探测到古太平洋板块俯冲对华北上地幔的结构和状态的影响；

（8）提出并论证了晚中生代西太平洋板块俯冲、回撤及相应的地幔作用是导致华北克拉通破坏的动力学机制；

（9）基于上述对华北克拉通演化的规律性认识，提出“克拉通破坏”新概念：“由于岩石圈地幔物质组成与物理化学性质发生了根本性的转变，导致克拉通固有的稳定性遭到破坏”；建立了克拉通破坏理论，揭示了华北克拉通破坏在全球大陆演化中的重要地位，发展了板块构造理论。

3. 对“克拉通破坏”的资源和生物效应的初步探索

确定了胶东地区金矿床形成主要受控于华北克拉通破坏过程中的大规模岩浆作用；认识了华北克拉通破坏有利于东部形成大型含油气盆地，及其对前中生代东、西部油气保存的不同影响。在认识华北克拉通破坏性质和规律的基础上，对资源效应的研究获得了上述基本认识，提出了科学思路。按国家需求的定位，继续开展针对性的规模探测研究。

通过对燕辽生物群和热河生物群脊椎动物多样性的比较以及环境背景的分析，初步提出了华北克拉通破坏对这两个生物群的控制，并提出这两个生物群分别受到燕山运动两幕的影响。

4. 基础数据积累和共享

地质学科集成，重点开展了华北克拉通不同单元之间的地质对比及重要地质事件时空变化规律与动力学机制的综合研究；编制了涵盖基底构造，中、新元古代和古生代特征构造，中、新生代各期构造等一系列关键地质图件。

地球物理学科集成，建成了华北研究区域三维速度结构数据体《华北地区地壳—上地幔地震波速度结构模型》的数据库和使用系统。模型内容包含地壳、岩石圈和上地幔各个速度分界面的埋深及分层速度的数据和图像、上地幔速度扰动数据和图像，以及典型剖面的地壳速度结构。该系统已发布，可共享。

地球化学学科集成，研究汇总了华北克拉通破坏的地球化学证据；编制了中、新生代岩石圈地幔特征和组成，地幔橄榄岩捕虏体年龄分布，下地壳捕虏体年龄分布，碱性岩带分布等图件。

总结提炼对华北克拉通物质性质、地壳—上地幔结构、岩浆作用、构造演化、成矿效应、破坏的动力学机制等方面的科学认识，撰写了华北克拉通破坏的专著，并将关键地质、地球物理、地球化学图件编辑成“华北克拉通破坏”图集，待出版发行。

这些基本图件、结构模型和相应数据库，为深入研究中国大陆演化提供了基础数据。

1.3.2 在国际地球科学研究中取得的学术地位

本重大研究计划通过十年的研究，解决了核心科学问题，完成了预期成果，实现了预定的科学目标，取得了一批具有重大创新的研究成果，在国内外产生了重要影响。相关研究成果均以学术刊物论文以及学术会议报告形式发表，主要成果都在国际学术领域交流，“华北克拉通破坏”成为大陆动力学研究的一个热点。

本重大研究计划提出了“克拉通破坏”新概念及其在大陆演化中的意义，建立了克拉通破坏理论，是最具国际影响的中国地学研究成果。本计划的成功实施使“华北克拉通破坏”这一“区域性”科学问题成为全球固体地球科学的一个研究热点，中国科学家起到国际引领作用。中国自然科学基金委员会 2013 年在 *Nature Geoscience* 的“Focus Issue”报道了我国地球科学领域的 4 项重大研究进展，其中“华北克拉通破坏”位列第一。“华北克拉通破坏”连续两年均为汤森路透—中科院发布的《2014 研究前沿》和《2015 研究前沿》地球科学领域 Top 10 的热点，也是唯一由中国科学家主导的地学研究前沿。“克拉通破坏”研究在国际固体地球科学研究中取得的地位表明，本计划是利用中国地域优势探索地球科学前沿问题的成功范例，将中国固体地球科学研究推向国际前沿。

项目研究工作“华北及邻区深部岩石圈减薄与增生”获 2011 年国家自然科学奖二等奖；“华北克拉通破坏”获 2017 年国家自然科学奖二等奖。

以项目研究成果为组成部分的“超高压下简单分子凝聚体系的新奇结构相变和压力效应”获2015年国家自然科学奖二等奖。项目研究工作荣获省部级一等奖5项、二等奖3项，还荣获专业学会、协会的多项人才奖励和各类论文奖励。

1.3.3 科研成果的辐射影响

推动了对相关重大科学问题的探索。具体可见第2.2.6节。

1.3.4 对学科综合研究人才的培养

研究队伍成长的最大特色是，科研人员的研究视角不再局限于地质、地球物理、地球化学等单一学科，成长起一批地球科学研究人才，造就了一批具有国际影响力的杰出科学家和进入国际科学前沿的创新团队。

由于华北克拉通研究在我国地球科学领域的厚实研究基础，并受“克拉通破坏”这一前沿性科学问题的吸引，本重大研究计划聚集了一大批层次高、能力强的青年学者与研究生的参与，其定位是突破重大科学问题的学科综合研究。为此，本重大研究计划全面布局了构造地质类、地球物理类、岩石学与地球化学类、资源环境灾害类和实验与模拟类项目，开展多学科交叉研究。多数项目的研究团队具有不同的专业背景，学科门类齐全，知识丰富。本重大研究计划每年召开学术交流会议，报告最新研究结果。会议中，地质、地球物理、岩石和地球化学等不同专业的研究人员共同探讨，会上的信息和争论被带入后续研究工作，有效促进了学科融合。本重大研究计划明确了我国由地学大国变为地学强国的定位，推动了各项目的科研团队在国际学术舞台上展示科研成果。在国际刊物发表学术成果，参加国际地质大会、AGU（美国地球物理协会秋季会议）及多类专业国际会议，发表和交流研究成果，已是研究团队常规的学术活动。与不同国家、不同团队的优秀科学家一起进行地质考察，共同做实验，面对疑难问题共同探讨的科研实践，成为青年学者学习地球科学综合研究的好课堂。

本重大研究计划的科研人员倾心于把最新的研究成果在有高影响力的固体地球科学综合性刊物发表，不再局限于本专业刊物。据不完全统计，在国际刊物发表的论文中，有 78 篇论文在综合性刊物或跨学科刊物发表，占国际刊物发表论文的 12%。据不完全统计，本重大研究计划项目参加者中，目前进入美国信息科学研究所（ISI）ESI 地学高引用率（被引用次数超过 1000）的科学家共 32 人，其中进入全球前 1000 名的有 20 人。参加本重大研究计划的国家自然科学基金创新研究群体有 6 个。参加本重大研究计划的受基金委杰出青年基金资助 25 人，其中 15 人是在承担项目期间或之后获得资助。共有千余名研究生参加了项目研究，在各项目执行期中共有 158 人获得博士学位，203 人获得硕士学位。

第 2 章　国内外研究情况

2.1 国内外研究现状和发展趋势

2.1.1 大陆演化与动力学

地球表面由大陆和大洋两部分组成。大陆仅占整个地球表面的三分之一，但却是人类赖以生存的场所，人类所利用的 95% 以上的自然资源来自于大陆，如国家经济发展急需的石油、天然气、煤以及金属矿产等。因此，大陆的形成与演化一直是固体地球科学中最根本、最重要的科学问题，更是解决国家资源能源重大需求的根本所在。

对于大陆形成和演化、内部结构及其对资源的控制作用，人们已进行了长期探索，但目前仍缺乏深刻认识。20 世纪 60 年代提出的板块构造理论极大地促进了地球科学的发展，它解释了大洋板块的生成、发展和消亡过程，阐释了大陆边缘地震、岩浆活动和地壳变形的原因，论证了海底扩张和板块水平运动的方式，总结了板块裂解、离散、漂移和汇聚的发展规律，从而成为了解全球构造发展的指导性理论。板块构造理论为了解全球构造格局作出了重大贡献，是地球科学的一场革命。

板块构造理论主要是依据人们对大洋地质与构造的不断深入认识而创

立的。板块构造认为地球上部岩石圈板块是刚性的，地壳变形与岩浆活动仅限于板块边缘。这一认识对于刚性的大洋岩石圈较为适用。对于大陆地质的研究结果显示，大陆地壳普遍经历了弥漫性的构造变形和发生过不同程度的岩浆活动和变质作用。板块构造无法合理解释大陆内部这种特征性的地质过程和动力机制。随着对大陆岩石圈的深入研究，发现它与大洋岩石圈在物质组成、结构、流变学、深部热构造过程等方面存在巨大的差异。对大陆演化独特性的认识促使人们重新审视大陆动力学和寻求能够合理解释大陆演化的理论。因而，大陆演化及其动力学的研究，已成为催生地球科学新理论的突破口。新的大陆构造理论将与板块构造理论一起，成为解释全球大地构造格局形成和发展的统一理论体系。

为了揭示大陆岩石圈的结构构造和地质演化，许多国家实施了一系列的重大科学计划。美国国家自然科学基金会、地质调查局和能源部联合提出了一个为期 30 年（1990—2020）的“大陆动力学计划”；美国国家自然科学基金会 2004 年开始实施地球透镜计划，以现代地球物理、钻探、遥感和信息技术为先导，系统和精确描述北美大陆的结构与演化，从而建立区域地球动力学演化模型；北大西洋科学委员会在欧洲组织实施了“欧洲大陆探测”研究计划 (1997—2003)，重点研究大陆岩石圈的演化历史。上述国际地学界大陆构造研究计划已取得了一系列重要进展，在大陆流变状态、陆内造山作用、岩浆活动成因、深部热构造与地表系统的关系，以及大陆演变对生命过程的控制等方面都取得了重大进展。

我国地学研究在 20 世纪 70—80 年代主要是追踪国际地学发展，依据板块构造理论来解读中国大陆地质构造历史。随着国家改革开放，特别是 21 世纪以来，中国的大陆演化研究逐步突破了简单的板块构造思维方式，开展了一系列原创性探索。在国家自然科学基金委员会、科技部和教育部的资助下，提出和实施了多项有关大陆构造的重大科学研究计划，如“大陆深俯冲”“973”项目，探索大陆地壳如何俯冲到岩石圈的深部以及超高压岩石的形成和折返；“大陆地幔柱”“973”项目，研究大陆深部地幔物质上升的动力学过程、大火山岩省的形成，以及它们对地表生物绝灭的影响；国家自然科学基金委重大项目“Pangea 东亚大陆的聚散”，探索漫长地质历史时期不同陆块的分布以及汇聚和离散过程。

对中国大陆长期的研究积淀，使我国具备了创建大陆演化新理论的雄厚基础。中国大陆得天独厚的地质条件也为中国地学界实现理论突破提供了难得的天然实验室。中国持续增强的经济实力和不断增加的科研投入为开展协同创新研究、进行大科学工程式的联合攻关和实现大陆演化新理论突破创造了良好的机遇。抓住这一机遇实现理论突破，我国地球科学将会在大陆演化领域引领国际地学的发展方向，使中国从地学大国成为地学强国。

2.1.2 克拉通破坏

地球表面由大陆和大洋组成。其中，大陆由古老的大陆（克拉通）和年轻的大陆（造山带）组成。大陆由造山带与克拉通组成，前者是活动的，后者是稳定的。这一观点最初由槽—台学说提出，后来在近代的板块构造理论中加以继承，长期为地学界主导思想。

克拉通是指古老稳定的大陆地块，它具有三个显著特点：①形成时代老，大多具有太古代的年龄；②具有厚达 200 km 的岩石圈；③构造稳定，没有大规模的构造—岩浆活动和大地震。克拉通上保存着最完整的地质历史记录（约 44 亿年），是研究和认识大陆演化的理想场所。大陆上大面积分布的克拉通，正是以其长期的稳定性而区别于造山带。克拉通稳定的原因在于它具有低密度、低水含量且巨厚的岩石圈根，从而能漂浮在软流圈之上。克拉通厚而干的岩石圈地幔使其能够在很大程度上抵御后期地质作用的改造而免遭破坏，因此，传统理论认为克拉通是稳定的。除了少数来自地球深部的岩浆活动外，克拉通基本不发生岩石圈或地壳内部的构造变形和大规模的岩浆作用，没有强烈的地震活动。

华北克拉通是全球古老克拉通的代表，保存有大于38亿年的古老陆壳，其在18亿年前进入稳定的克拉通阶段，并且在中生代前长期处于稳定状态（持续稳定约16亿年）。然而，我国华北克拉通东部在中生代发生了明显的岩石圈减薄与克拉通破坏，原有的稳定特征荡然无存。这表明克拉通既可以长期稳定，也可以变得不稳定，这是经典板块构造理论所不能解释的重大地质现象。因而引出了一个重要的科学问题，即原本稳定的克拉通为何能够被破坏。

华北克拉通中—新生代的活动现象早已被我国地质学家所认知，并有不同的解释。早在20世纪初，翁文灏先生根据华北克拉通北部侏罗—白垩纪构造—岩浆（火山）活动情况，提出了“燕山运动”的概念。随后，陈国达先生提出了“地台活化”的观点。20世纪90年代，中外学者基于对前人资料的研究发现，华北克拉通东部岩石圈厚度减薄了100多千米，从而提出了“岩石圈减薄”或“去根”的概念。虽然众多地球科学家对华北克拉通进行了长期的研究，但华北克拉通稳定性丧失的时空范围和动力学机制一直困扰着地球科学家，克拉通为什么会失去稳定性这一根本问题一直悬而未决。因此，克拉通为何被破坏是困扰地球科学家近百年的难题。

正是华北克拉通破坏这一重大地质事件，导致华北成为我国重要能源（油气、煤炭）和金属（黄金、铁、钼等）矿产的重要基地。因此，华北克拉通破坏研究不仅是探索大陆构造新理论的关键切入点，也是我国继续寻找战略资源和能源接续基地的必然要求。

值得指出的是，全球其他克拉通多数长期保持稳定，少数发生了部分破坏。与全球其他克拉通相比，华北克拉通的破坏程度是最强的，破坏的现象是最典型的，因而，华北克拉通是全球克拉通破坏的典型。正是这一状况，使得发达国家长期忽略了对克拉通破坏进行深入而系统的研究，而中国的这一地域优势，也为我国引领这一研究领域、抢占学术制高点创造了有利条件。我国从全球视野出发，实施了本重大研究计划，极大地促进了克拉通破坏这一重大科学问题的深入研究，使“华北克拉通破坏”这一“区域性”科学问题迅速提升为全球性研究热点，成为当前国际地学研究的一个重要前沿。

克拉通破坏属于大陆演化的范畴，大陆演化是地球科学的一个重要前沿领域，许多方面无法用经典的板块构造理论解释。近年来，国内外都设立了一系列重大研究计划探索大陆的形成和演化，试图建立新的大陆演化理论体系。中国科学家在 20 世纪 60—70 年代由于历史原因遗憾地错失了参与创建板块构造理论的机遇，明显落后于当时国际地球科学前进的步伐，导致在很长一段时间内，甚至在现阶段，我国地学研究总是跟随发达国家的科学引导，缺乏自己开创性的科学探索和先进的科学理论。中国大陆是研究大陆演化的一个绝佳地域，为中国地球科学家提供了一个发展板块构造、创建全新大陆演化理论的良好机遇。本重大研究计划的实施，聚集了中国优秀科学家，围绕着一个明确的科学目标协同攻关，从而在较短时间内起到了在该领域的国际引领作用，大幅度地提升了我国在地球科学领域的科研攻关能力，为推动中国成为国际地学强国作出了贡献。这一成功的经验与模式应该继续发扬，继续坚持利用中国地域优势开展大陆演化探索。

2.2 领域发展态势

本重大研究计划的实施，取得了突出的成就，提升了人们对大陆演化的认识，是综合研究突破重大科学问题的成功实践。由此，推动领域研究呈现如下的发展态势。

2.2.1 克拉通破坏是全球大陆演化的重要环节

克拉通之所以能够长期保持稳定，主要是因为它具有巨厚、古老、难熔的克拉通型岩石圈。大量研究表明，华北克拉通在古生代具有典型的克拉通型岩石圈地幔属性，一般厚达 200 km。现今克拉通东部岩石圈的厚度仅有 60~80 km，在物质组成和性质上具有类似于“大洋型”地幔的属性。这说明华北克拉通东部不仅发生了岩石圈的巨量减薄，岩石圈地幔组成和物理化学性质还发生了根本性的转变，即从典型的大陆克拉通型岩石圈地幔转变为年轻的“大洋型”岩石圈地幔。正是岩石圈地幔属性的这一巨大变化导致了华北克拉通破坏和稳定性丧失。通过地质、地球物理和地球化学等多学科综合研究，认识到大规模的岩浆活动、强烈的构造变形和巨厚的岩石圈减薄只是华北克拉通演化过程中的表象，其实质是由于岩石圈地幔物质组成与物理化学性质发生了根本性的转变，导致克拉通固有的稳定性遭到破坏。因而，克拉通破坏实质上是指其整体稳定性的丧失，原因是其岩石圈地幔属性发生了根本性的转变。这一创新性认识，揭示了华北克拉通破坏的本质和科学内涵，改变了古老克拉通“一成不变”的传统观念。

通过全球克拉通的对比与研究发现，岩石圈减薄是全球克拉通演化中的常见现象，但克拉通破坏主要发生在毗邻板块俯冲边界的大陆地区。俯冲板块—岩石圈地幔—软流圈地幔的相互作用，导致克拉通破坏。本重大研究计划的研究成果在于得出克拉通破坏也是全球大陆演化重要环节的结论，建立了克拉通破坏理论，将华北区域研究总结出来的规律提升到了对全球问题的探讨。

克拉通破坏作为地球上发生的一种重要地球动力学过程，对大陆的形成演化具有重要的意义。在传统的大陆地质研究中，大陆为什么会被保存是当时地质学家极为关心的问题，而克拉通破坏的发现，又使人们开始思考大陆为什么会被破坏。华北东部、北美西部和南美西部是目前被确认为克拉通破坏的典型地区，但这一地球动力学过程在地球的历史上应多次发生过。大陆在初始形成后发生聚合及克拉通化，进而趋于稳定，但这并不是大陆演化的终结。在受到周边大洋板块的俯冲作用影响时，克拉通会发生破坏，待深部地幔恢复到正常状态时，上部的大陆又趋于稳定，完成一次新的大陆稳定过程。因此，克拉通破坏是大陆演化的重要环节所在，克拉通破坏理论的建立发展了板块构造理论，实现了理论上的重大突破。

2.2.2 克拉通破坏成为全球热点

华北克拉通堪称我国地球科学的摇篮，“燕山运动”、“地台活化”和“岩石圈减薄”等科学论断都源自对华北地质的研究。华北克拉通的破坏在全球是最强烈、最典型的。本重大研究计划正是利用了中国的地域优势和长期的研究积累，通过出色的研究成果与创新认识，使得克拉通破坏成为国际地球研究领域的热点与前沿。目前，学术界公认华北克拉通是全球克拉通破坏的典型，克拉通破坏也是全球大陆演化的重要过程之一。正是中国科学家的贡献，提高了人们对克拉通破坏的认知水平。本重大研究计划是利用中国地域优势探索地球科学前沿的成功范例。

华北克拉通破坏这一过去被西方科学家看作是“区域性”的科学问题，通过本重大研究计划的执行，揭示其大陆演化的科学内涵，迅速提升为全球性的研究热点。中国科学家在克拉通破坏研究领域起到了重要推动作用，部分优秀科学家和研究团队跨入国际固体地球科学研究前列。国家自然科学基金委 2013 年在 *Nature Geoscience* 的“Focus Issue”报道了我国固体地球科学领域的 4 项重大研究进展，其中“华北克拉通破坏”排在第一位。“华北克拉通破坏”在汤森路透—中科院发布的《2014 研究前沿》和《2015 研究前沿》中，连续两年均为全球地球科学领域 Top 10 的热点，也是唯一由中国科学家主导的地学研究前沿。由此可见，本重大研究计划已成为以区域实例（利用中国地域优势）研究全球大陆演化的典范，使得“华北克拉通破坏”这一“区域性”科学问题成为全球性研究热点，中国科学家在此研究领域起到了国际引领作用，大大提升了中国地学研究的国际影响力。

2.2.3 探索大陆演化规律是催生地球科学新理论的突破口

基于大洋岩石圈演化而建立的板块构造理论在解释大陆地质时遇到了严重的挑战，促使人们需要从新视角去理解大陆形成、演化与动力学。板块构造理论认为板内是刚性、稳定的，构造变形与岩浆活动局限于板缘。然而，一些大陆板块内部已发现的广泛而强烈的变形与岩浆活动用传统的板块构造理论已无法解释。随着人们对大陆与大洋岩石圈组成、结构、流变学、深部过程等方面的深入理解，发现两者存在着巨大的差异，促使人们重新审视与理解大陆演化规律与动力学。因而，对于大陆形成、演化及其动力学的深入研究已成为催生地球科学新认识、新理论的关键切入点。以大陆演化问题为切入点与突破口，占领当代地球科学发展制高点，将会引领地球科学的重大新发展，也会带动相关科学与技术的重大新发展，因此具有重大科学意义。

地球科学目前正处在新的重大发展时期，正面临着大地构造理论创新发展的新时机。世界各国，尤其西方发达国家，都在以一系列国家计划的实施抢占制高点，都在为地球科学新的一次重大理论创建展开竞争和作出贡献。我国应当抓住这次机遇，充分发挥自己得天独厚的优势与实力条件，参与这次地球科学重大发展的竞争。我国目前拥有大陆演化方面高水平研究队伍和一流的实验平台；我国有得天独厚的地域优势，及大陆演化研究的长期积累；我国地学研究开始走向世界，已具备国际视野和全球性思维；我国社会经济发展为高水平基础研究和国际合作提供了充足财力与物力。正是因为具备这些有利条件，我国应不失时机地抓住这次机遇，集结力量，凝聚关键核心科学问题，探索大陆演化与动力学，构建大陆演化新的理论体系，引领地球科学发展，使我国走向地学强国，为世界地球科学新发展作出原创性贡献。

华北克拉破坏研究的突出成就是我国利用中国地域优势、瞄准学科发展前沿开展联合攻关的成功范例。这一成功的经验值得继续推广。中国东部大陆边缘破坏与改造、华南大陆再造、大陆流变学、大陆边缘与大洋板块相互作用、洋—陆交接转换与流—岩相互作用、大地幔楔层圈相互作用、演变与深部碳循环及大陆边缘重大事件动力学等，是目前应该主攻的方向，有望取得新的突破。

2.2.4 多尺度的物理、化学观测是大陆演化研究得以深入的基础

大陆岩石圈经历的构造变动、壳—幔物质交换和相互作用等过程，必然导致岩石圈组成和结构的变化，造成一系列元素和同位素的重新分配。大陆岩石圈漫长和复杂的演变过程记录于不同时代的各类矿物、岩石，特别是源自下地壳和岩石圈地幔的深源包体，它们包含了某些位置的岩石圈组成和结构的直接信息，是特别珍贵的地质记录。由于地质记录的复杂性和普遍的叠加特点，必须对其进行精细的地球化学分析和研究，才能从中甄别和解析大陆地壳和岩石圈地幔的组成、结构和形成演化的信息。本重大研究计划实施过程中，通过大量深源包体（地壳与地幔包体）和侵入岩样品的详细矿物、岩石学、地球化学与年代学研究，特别是采用新近发展起来的放射性同位素 (Hf, Os) 和非传统稳定同位素示踪技术的实验研究，探索了华北克拉通岩石圈的演变规律，可靠地限定了岩石圈的演化过程、性质的转变及其发生机制。

地球物理场，特别是地震波场，是在整个地球内传播，充分携带了地球内部信息并能够在地表接收的原始资料。由于在真实地球中许许多多因

素控制着物理场的变化，从地表获得的波场记录去反演推断地球内部物质和结构的性质，需要高精度、高分辨率、高覆盖的观测系统。本重大研究计划实施中对华北克拉通深部结构与构造开展了全面的观测，平面上覆盖了华北克拉通及邻区，深度上达到上地幔层次，获得了携带深部结构原始信息的大量地震记录数据。利用新观测资料，从这些高精度、高分辨率、高覆盖地震数据中获取了华北地区地壳和上地幔地震波速度分布、速度间断面结构形态、上地幔各向异性等结构信息。详细的地壳—上地幔结构和状态为认识克拉通破坏范围、方式与动力学提供了不可缺少的定量依据。

地球过程及其相互作用是复杂的，其时间尺度从几秒钟的地震到几十亿年的地球演化；空间尺度从纳米级的矿物微区结构、成分变化到上万千米尺度的全球板块构造，跨越十几个数量级。对岩石样品的高精度同位素定年、高精度微量组分测试、微区和原位元素及同位素丰度分析能够得到组成和演化时间的信息。岩石样本直接来自地球深部的特性决定了这些结果的重要价值。然而，有限区域的采样点极大地限制了对构造性质的全局性判断。地球物理场携带的构造信息，具有覆盖整个地球空间的优势，但缺乏直接的时间和物质记录。地球化学分析测试和地球物理观测二者不可或缺。本重大研究计划全面推进了对地质样品进行岩石圈的组成、结构和演化年代的地球化学分析；对地壳—上地幔结构的地震探测和结构成像；对构造带、小构造和露头尺度地质演化的详细研究，从而在四维时空演化的背景下，阐明华北克拉通岩石圈的性质，揭示克拉通破坏过程。

本重大研究计划对克拉通破坏研究取得的重大突破，有力证实了技术进步带来的探测能力的极大提高，推进了地球科学理论研究的不断深入。对目标区域的结构、构造和物质进行仔细观测和研究，是大陆构造演化科学问题得以深入研究的基础。在现代科学技术进步基础上发展的全新探测、测试能力，为高精度、高分辨率、高覆盖的地球物理探测以及精细的地球化学分析提供了必要的研究手段。同时先进的数据采集技术获取了高质量的观测数据，计算机技术的迅速发展极大提高了数据处理和解释能力。地球科学的发展将更加重视应用现代观测、实验测试和信息技术对基本科学数据的系统采集、积累与分析，使前沿研究与高新技术发展融为一体。

2.2.5 多学科交叉与融合是解决重大科学问题的必要途径

大陆演化研究涉及对复杂地质过程的深入探索，单一学科和短期研究很难在这一领域取得重大突破。因此，多学科协同研究是在大陆演化领域产生创新性成果和实现理论突破的关键。

本重大研究计划执行中长期而富有成效的交流和合作，一方面促进了科学问题的解决，另一方面也提升了我国地质、地球物理、地球化学、数值模拟、高温高压实验的多学科综合研究水平，为不同学科间的交叉起到了示范与带头作用，使我国青年一代科研人员逐步从传统的地质学家、地球物理学家或地球化学家转变为固体地球科学家，他们的视野更具全球性和前瞻性。多学科交叉、大团队协作的工作方式对改变我国目前“化整为零易、化零为整难”的科研局面产生了积极影响。本重大研究计划的实施，使得多学科综合研究团队不断形成，并在国际上具有了重要的影响。

通过实施本重大研究计划探索出的组织多学科、大团队联合攻关的模式也正在地球科学领域产生积极的影响。该模式具体体现如下。

（1）组织与管理层面上的学科交叉。本重大研究计划的主管科学部为国家自然科学基金委的地球科学部，相关科学部为数理科学部与信息科学部。管理工作组成员包括国家自然科学基金委地球科学部、数理科学部、信息科学部与计划局的成员。指导专家组由地质学、地球物理、地球化学与数理科学的专家组成。因而，本重大研究计划在组织、管理与指导层面上都考虑了促进不同学科间的交叉与融合。

（2）顶层设计与布局中的学科交叉。本重大研究计划在定位、顶层设计与项目布局中都十分注重实质性的学科交叉。其定位是集中我国在地球科学、数理科学和信息科学等领域的优势研究力量，突破传统学科界线的束缚，进行不同学科间有效的交叉融合；通过本重大研究计划的实施提升地质、地球物理、地球化学的多学科综合研究水平，带动地质学、地球物理学、地球化学等学科的跨越式发展。在顶层设计上，通过地球物理、地球化学、地质学、高温高压实验、数值模拟等多学科的综合研究与联合攻关而实现总体科学目标。在项目布局上，安排了不同学科的研究项目。因而，本重大研究计划由多学科科学家共同承担，总体科学目标的实现与核心科学问题的解决是依靠多学科之间的综合研究与联合攻关。

（3）项目实施中的学科交叉。本重大研究计划涉及的关键科学问题常需要多学科的综合研究，因而许多项目内部的课题组成员是由不同学科研究人员构成的，这些项目在执行过程中就进行着学科的实质性交叉。据统计，已安排项目中有 72% 的项目参加人员是由多学科人员构成的。

（4）成果交流中的学科交叉。本重大研究计划执行过程中还十分重视不同学科之间的交流与碰撞，对于同一核心科学问题由不同学科人员共同进行研讨、交流。在每年一次的重大研究计划年终交流会上，发言与交流的安排不进行学科的划分，不同学科的项目参加人员相互交流信息与进展、相互开展研讨，取得了较好的效果。在国内的全国性学术会议上，如每年一次的“全国岩石学与地球动力学研讨会”“全国构造地质与地球动力学研讨会”，都设有“华北克拉通破坏”专题，也是由不同学科人员共同参加、共同进行研讨。在相关的国际学术会议上，如“克拉通形成与破坏（北京，2011 年）”“东亚中生代大陆拉伸机制（法国奥尔良，2010 年）”，对于华北克拉通破坏的研讨也是由不同学科人员共同进行的，充分体现了不同学科间的交流、交叉与融合。

（5）多学科人才与团队的培养。本重大研究计划的实施，促进了不同学科、不同单位，甚至不同国家和地区科学家之间的交叉融合，使我国青年一代科研人员逐步从传统的地质学家、地球物理学家或地球化学家转变为固体地球科学家，他们的视野更具全球性和前瞻性。在此研究计划的带动下，我国地球科学的多个综合研究团队正在形成，在国际上已有相当的影响，有能力攻关重大的、国际前沿的科学问题，这必将带动我国地球科学研究的快速发展。

（6）多学科天然实验室。华北克拉通已成为我国乃至世界上多学科综合研究的天然实验室，吸引了一大批国内外不同学科的高水平科学家进行研究。这些不同学科的研究人员，围绕着华北克拉通破坏这一共同主题开展研究，将华北克拉通当作天然实验室，在学科交叉与融合上起到了示范与引领作用。

2.2.6 推动了相关重大科学问题的探索

本重大研究计划实施过程中，一些新的、重大的科学问题被发现与提出，从而诱发与推动了相关重大科学问题的探索，催生了新的学科前沿与生长点，将大陆演化研究提升到了新的高度。

1. “克拉通破坏与陆地生物演化”——国家自然科学基金委员会基础科学中心项目

随着对华北克拉通破坏认识的不断深入，科学家发现华北克拉通破坏同燕辽、热河生物群存在着紧密联系。燕辽生物群（166~155 Ma）和热河生物群（131~120 Ma）存在的时间与华北克拉通破坏过程中两次重大的构造—岩浆活动事件（燕山运动 A 幕与 B 幕）的发生时间（分别是 160 Ma 和 135 Ma）恰好吻合，而且燕辽、热河生物群核心区位于华北克拉通破坏区，生物群的发育程度与火山活动的强弱、克拉通破坏的强度之间存在明显的相关性。这种时空上的吻合表明华北克拉通破坏与燕辽、热河生物群形成之间存在着内在的联系。基于这些发现与意义，国家自然科学基金委员会 2016 年批准设立了“克拉通破坏与陆地生物演化”这一首批地学基础科学中心项目（编号：41688103）。

该基础科学研究中心项目拟从地球系统科学的观点出发，以华北克拉通破坏与生物演化之间的耦合关系为切入点，查明古太平洋板块俯冲对克拉通破坏的驱动机制，阐明深部过程对浅部地质和陆相生态系统演化的控制机理，揭示重大地质事件与生物演化之间的内在联系，创建岩石圈与生物圈耦合关系的新理论，抢占地球系统科学发展的制高点。

2. “华北克拉通成矿系统的深部过程与成矿机理”——国家重点研发计划：深地资源勘查开采专项

华北是我国重要的金属矿产资源基地，但这些矿产的形成机制与条件以前并不明确。华北克拉通的胶东地区，已探明黄金储量占全国 1/4，克拉通东部还存在着一系列具有相同形成背景的金矿。通过系统的地质学、地球物理学和地球化学综合研究发现，胶东地区金矿床主要形成于 130~120 Ma，与华北克拉通破坏峰期（125 Ma）相一致。胶东地区金矿床形成主要受控于华北克拉通破坏过程中的大规模岩浆作用，也就是说华北克拉通破坏导致了胶东巨量金成矿。对比发现，华北辽东和燕辽地区具有与胶东地区完全相似的地质背景和成矿条件，因而辽东半岛和燕辽地区可望成为我国未来黄金资源的重要战略接替基地。在此背景下，科技部于 2016 年批准设立了“华北克拉通成矿系统的深部过程与成矿机理”项目（2016—2021 年）。该项目拟解决的重大科学问题是华北东部克拉通破坏如何控制巨量金成矿，研究目标是揭示克拉通破坏的岩石圈结构和深部过程，查明巨量金迁移、富集机理和成矿末端效应，阐明成矿区域差异性的关键控制因素，创建克拉通破坏成矿理论体系，构建典型矿集区深部成矿系统结构，评价深部与外围资源潜力，为寻找国家级黄金资源接替基地提供理论支撑。

3. “重大地质事件与成矿效应”——国家重点研发计划：深地资源勘查开采专项

随着对华北克拉通破坏的深入认识，在克拉通峰期破坏前后发生的燕山运动不断引起人们的重视，并发现相应的重大地质事件与成矿具有成因联系或密切关联。基于此，科技部于 2016 年批准设立了“重大地质事件与成矿效应”项目（2016—2021 年），属于国家重点研发计划的深地资源勘查开采专项。该项目重点研究中生代重大事件深部过程与构造响应、关键部位深部结构，揭示重大事件沉积响应、环境记录及相应的外生成矿作用，聚焦重大事件相关内生成矿作用。该项目的核心是聚焦“燕山运动”这一重大事件与成矿关系，揭示重大事件深部过程的沉积响应及其资源效应，查明重大事件深部过程与内生成矿的联系，确定相关矿产的分布规律。

4. “特提斯地球动力系统”——国家自然科学基金委员会重大研发计划

本重大研究计划实施过程中，我们逐步形成对新突破点的思考，提出从认识华北克拉通破坏推进到研究华南大陆再造，进而开展全球特提斯造山带演化的大陆动力学研究布局，推动了国家自然科学基金委员会“特提斯地球动力系统”重大研究计划立项，以带动中国科学家在“全球构造”的重大问题研究中成为未来国际重大研究计划的倡导者和组织者，实现中国从地学大国向地学强国的跨越发展。

第 3 章　重大研究成果

本重大研究计划从地球系统科学的角度，立足现代地球科学的分析技术与探测手段，通过观测、实验和理论研究，认识华北克拉通破坏的时空分布范围和过程，揭示克拉通破坏时地球内部不同圈层的相互作用和动力学机制，探索克拉通破坏的资源和生物效应，提升对大陆形成与演化的认知水平。通过十年的研究，围绕核心科学问题，出色完成了预定的科学目标，取得了如下的创新研究成果。

3.1“克拉通破坏”新概念

地球的大陆由造山带与克拉通这两个基本地质单元组成。克拉通最基本的特征是形成时代古老和长期稳定。克拉通稳定的原因是其具有低密度和低水含量的巨厚岩石圈（图 3.1）。克拉通岩石圈不仅有很强的刚性，而且能够漂浮在软流圈之上，很大程度上能抵御后期各种地质作用的改造。因此，全球大多数克拉通在形成后基本不发生大规模的构造变形、岩浆作用和地震活动，也缺少大规模的内生成矿作用。华北克拉通有大于 38 亿年的古老岩石记录，从 18 亿年前最终形成至 2 亿年前，一直保持稳定。

自2亿年前以来，特别是晚中生代，华北克拉通频繁发生大规模岩浆活动并经历多期强烈地壳变形，其原有的克拉通结构和稳定性被不同程度地改造和破坏。华北克拉通晚中生代构造演化表明，克拉通既可以保持长期稳定，也可以被破坏。克拉通破坏这一地质现象无疑向经典板块构造理论提出了挑战。稳定的克拉通如何被破坏成为一个需要深入探索的重大科学问题。

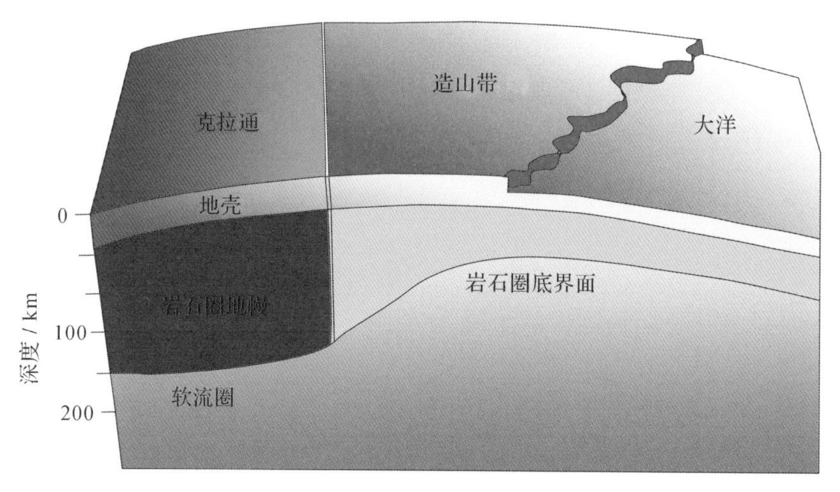

图3.1 克拉通岩石圈结构示意

中—新生代时期的华北克拉通大规模地壳变形和岩浆活动早已被中国地质学家所认知，“燕山运动”和“地台活化”等概念便是基于对华北克拉通侏罗—白垩纪构造—岩浆活动的研究而提出的。随着研究的不断深入，“岩石圈去根”“岩石圈减薄”以及“岩石圈拆沉”等概念相继被提出，尤其是发现华北克拉通东部岩石圈厚度在晚中生代被减薄了超过100 km。早期的认识只是将岩石圈减薄等同于克拉通破坏。本重大研究计划揭示，华北克拉通在古生代具有典型的克拉通型岩石圈地幔属性，普遍厚达200 km，而现今克拉通东部岩石圈的厚度仅有60~80 km，在物质组成和性质上具有类似于“大洋型”岩石圈地幔的属性。地质、地球物理和地球化学等多学科综合研究表明，华北克拉通大规模的岩浆活动、强烈的构造变形和巨量的岩石圈减薄只是克拉通演化过程中的表象，其本质是由于岩石圈地幔物质组成与物理化学性质发生了根本性的转变，即从典型的大陆克拉通型岩石圈地幔转变为年轻的“大洋型”岩石圈地幔。正是岩石圈地幔属性的这一巨大变化，导致了华北克拉通稳定性丧失。由此明确了“岩石圈减薄并不等于克拉通破坏”这一新观念，据此提出“克拉通破坏”的定义：克拉通破坏是指其整体稳定性的丧失，原因是其岩石圈地幔属性发生了根本性的转变，表现为大规模的岩石圈减薄与强烈的岩浆与构造活动。克拉通破坏在国际上没有明确定义，中国人提出“克拉通破坏”新概念并被国际同行认可，具有重要的开创意义。这一创新性认识，阐明了克拉通破坏的本质和科学内涵，改变了古老克拉通“一成不变”的传统观念，提升了人们对大陆演化的认识。

3.2 克拉通破坏的时空范围

3.2.1 克拉通深部结构与构造

克拉通破坏是大陆演化过程的产物，其控制因素在地球深部。地壳—上地幔的结构和状态是确定克拉通破坏范围的重要方面，也是认识克拉通破坏方式与动力学作用不可缺少的依据。基于这一学术思想，根据地震学探测地球深部结构的独特优势，以及密集地震台阵探测地球内部结构的国际地震学发展趋势，并结合主动源地震探测的互补性，对华北及相邻地区的地壳—上地幔结构进行了全面探测研究。利用地震观测获取的高分辨率新数据，建立了代表性剖面的地壳详细结构，明确了克拉通破坏对地壳的改造；探明了华北岩石圈厚度分布，确定了岩石圈减薄的空间区域；获得了克拉通破坏空间范围的直接证据。

1. 深部结构和状态的整体探测

本重大研究计划在整个华北克拉通及周缘全面部署了密集的流动台阵地震观测，并结合主动源地震探测剖面，对地壳—上地幔的结构和状态进行了整体的探测研究（图 3.2）。采用了先进的宽频带地震仪器，先后在华北克拉通及邻区部署了 8 条剖面（台站间距 10~15 km）和 1 个二维台阵，总计 688 台站的流动台阵地震观测；完成了 3 条长观测距人工地震宽角反射 / 折射剖面观测（3650 km）和 2 条气枪源 OBS 深地震海陆联合观测剖面 (860 km)。这些深部探测在平面上覆盖了华北克拉通及邻区，深度达到上地幔层次，获得了携带深部结构原始信息的大量地震记录数据。利用这些新的观测资料，并汇集中国国家数字地震台网约 370 个台站的天然地震

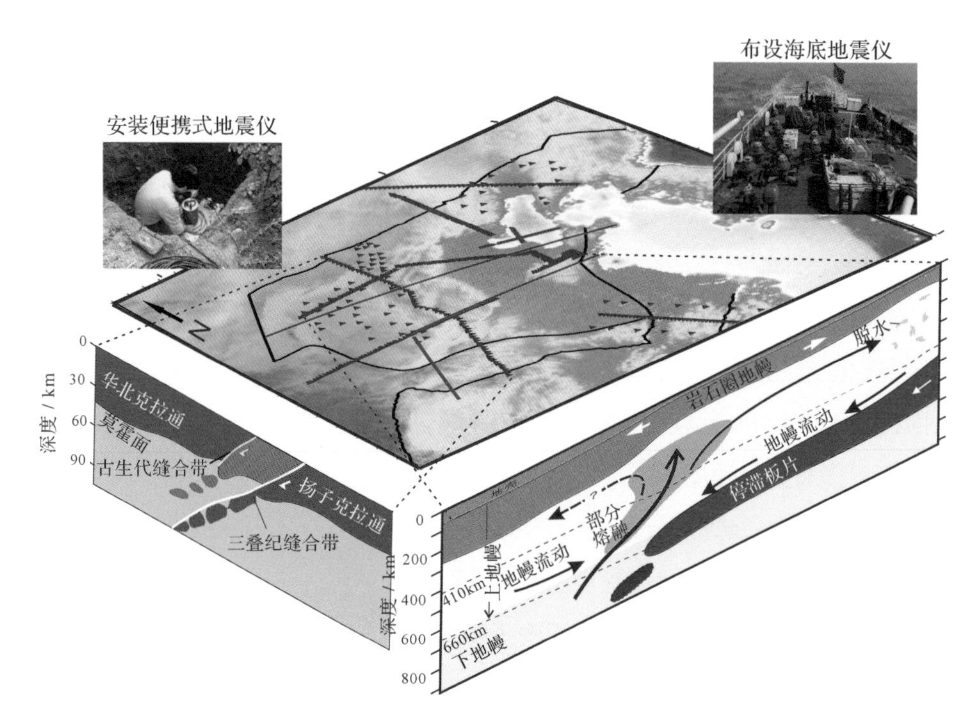

图 3.2 华北地区主动源地震观测剖面和流动台阵台站分布

蓝色三角：流动地震台站；红线：宽角反射 / 折射深地震测深测线；紫色三角：海底地震观测台站

记录，以及前期 43 条人工地震宽角反射 / 折射探测剖面；通过发展和应用有效的地震成像技术，从地震数据中获取了华北地区地壳和上地幔地震波速度分布、速度间断面结构形态、上地幔各向异性等结构信息，建成了华北三维速度结构数据体《华北地区地壳—上地幔地震波速度结构模型》的数据库和使用系统。该结构模型内容包含地壳、岩石圈和上地幔各个速度分界面的埋深及分层速度的数据和图像，上地幔速度扰动数据和图像，以及典型剖面的地壳速度结构。该结构模型及数据库已在网站（http://www.craton.cn/data）发布，提供共享。

2. 克拉通岩石圈厚度的变化规律

岩石圈厚度是代表克拉通演化状态的基本属性。利用流动台阵和固定台网地震台站的远震波形原始资料，采用接受函数波动方程偏移方法，获得了华北克拉通岩石圈的厚度分布（图 3.3）。结合地质和地球化学研究结果，发现华北克拉通东、西部地壳与岩石圈地幔结构和性质存在显著差异。东部陆块地壳（厚度 <35 km）和岩石圈（厚 60~80 km）明显不同于典型克拉通型岩石圈结构；西部陆块地壳（厚约 45 km）和岩石圈（厚达 200 km）保持典型克拉通的特征，而中部陆块地壳和岩石圈厚度及结构都表现为强烈的横向非均匀性。华北克拉通东部岩石圈底界面是强速度间断面，西部 80~100 km 深度处存在一个地震波速随深度下降的岩石圈内部间断面。华北克拉通现今的岩石圈厚度和性质具有高度横向不均匀性。克拉通东部整体为“薄岩石圈”，中—西部主体为“厚岩石圈”但局部存在“薄岩石圈”，这表明华北克拉通东部岩石圈已整体显著减薄，而中—西部岩石圈只发生了局部减薄。由此明确了华北克拉通岩石圈减薄主要发生在太行山以东地区。

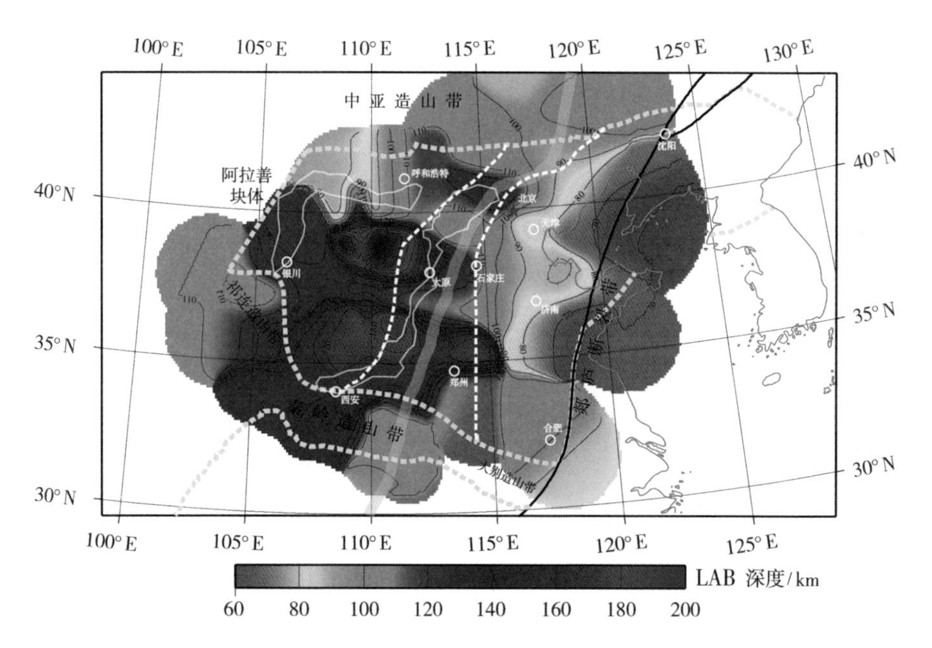

图 3.3 华北克拉通岩石圈厚度 (LAB 深度) 分布

东部整体为“薄岩石圈”，中—西部主体为“厚岩石圈”但局部存在“薄岩石圈”。等值线上的数值表示岩石圈厚度值 (km)；虚线表示构造分区边界；灰色带为南北重力梯度带

3. 克拉通破坏对地壳的改造

位于地球最表层的地壳处在相对低的温度、压力条件下，地壳结构中能够最大程度保留长期构造演化的记录。利用新获得的流动台阵和固定台站地震观测资料，并汇集多期主动源地震探测结果，探明了华北克拉通地壳结构的基本特征（图 3.4）。华北克拉通现今的地壳结构表现了东西向变化的总体格局。大致以南北重力梯度带为界，东部地壳薄，沉积盖层厚，莫霍面（Moho 面）比较平坦，地壳内高、低速互层且水平延展，表现了地壳的伸展与减薄受到大规模韧性变形构造的改造。由东向西，地壳逐渐增厚，转变为平坦的分层结构，具有典型克拉通地壳的特征。在中部地区

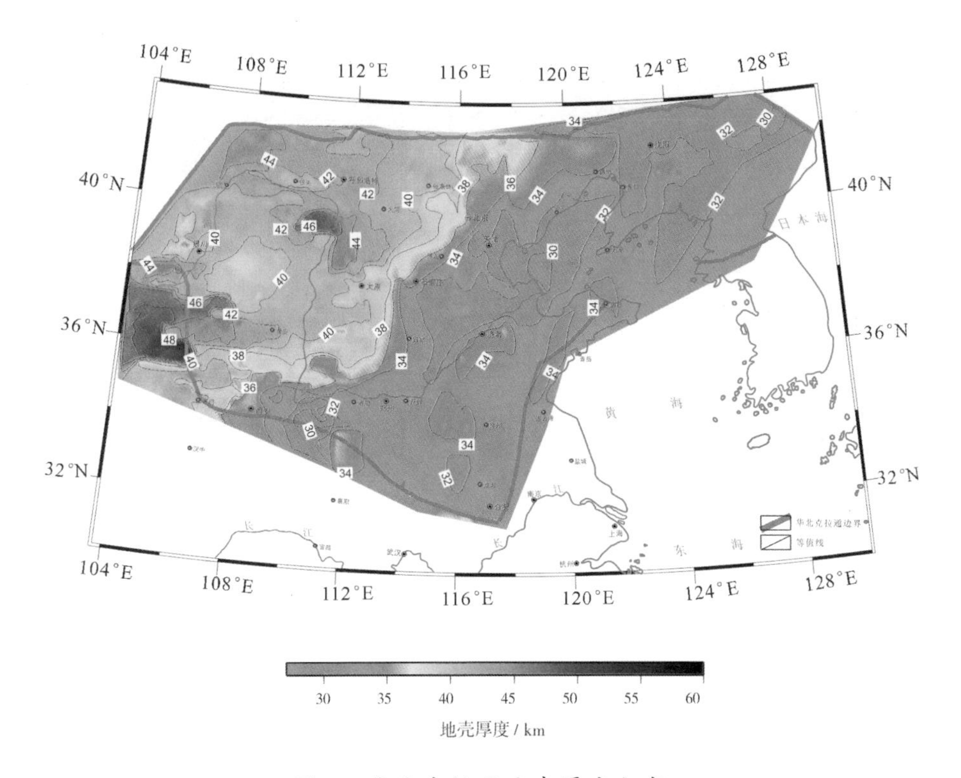

图 3.4 华北克拉通地壳厚度分布

图中的色柱和等值线上的数值表示地壳厚度值（km）；蓝色线表示华北克拉通边界

北侧，出现倾斜的低速层和地壳根带，残留了古元古代陆块碰撞拼合作用的构造痕迹。在西南边缘地区，受青藏高原东扩的影响，地壳显著增厚。

利用密集流动地震台阵探测构建了地壳详细结构剖面。作为例子，图3.5展示其中沿东西向横贯华北克拉通北部的一条剖面的S波速度结构。多条剖面的地壳详细结构显示，华北东部下部地壳具有广泛的低速特征，指示发生过地壳重熔和弱化。同时，地壳内低速带不存在似对称分布或集中分布的图像，没有发现大尺度地幔柱作用的结构记录。地震剖面探明了辽东变质核杂岩区的中下地壳结构、渤海湾盆地从断陷到坳陷盆地演化的沉积盖层结构、郯庐断裂带下的莫霍面错动等伸展构造响应。这些结构特征表明强烈岩浆作用和伸展作用改造了华北克拉通东部的地壳。

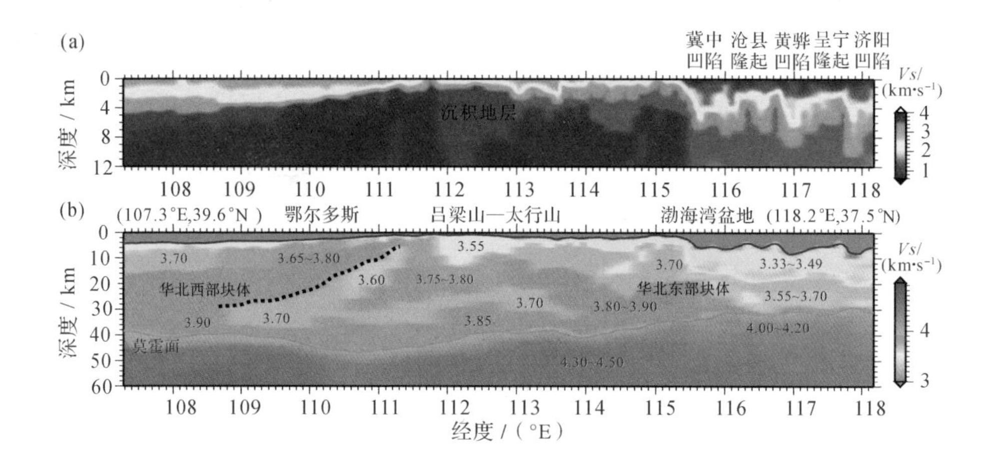

图 3.5 河北利津—内蒙古鄂托克剖面 S 波速度结构

（a）深度 12 km 以上部分详细显示沉积地层的分层结构。（b）东部地壳内分层和莫霍面比较平坦，地壳薄，沉积盖层厚，并夹有低速层，表现为伸展构造特征；西部地壳逐渐增厚，转变为平坦的分层结构，残留了东西陆块拼合的叠置构造。图中的色柱和数字标注 S 波速度值（$km \cdot s^{-1}$）

3.2.2 华北克拉通破坏的时空范围

岩石圈地幔物质组成与物理化学性质发生根本性转变，会导致克拉通固有稳定性遭到破坏，这是克拉通破坏的本质。大规模的岩浆活动、强烈的构造变形和巨量的岩石圈减薄是克拉通破坏过程中的表现。这些表现是确定克拉通破坏空间范围的依据。系统的浅部地质研究表明，早白垩世期间，华北克拉通东部地壳浅部以出现一系列伸展断层、伸展盆地及变质核杂岩为特征，表现为广泛的地壳伸展变形；西部呈现出弱伸展背景下整体拗陷或断一拗结合的大型盆地格局，并且岩浆与断层活动微弱，反映了稳定的克拉通状态。华北克拉通晚古生代至三叠纪岩浆活动集中出现在北缘；侏罗纪的岩浆活动主要集中在北缘与东南缘；早白垩世岩浆作用的范围和强度达到顶峰，出现在整个克拉通东部（燕山带、太行山、大别—苏鲁造山带、华北地台腹地以及郯庐断裂两侧）（图 3.6）。华北克拉通东部中生代发生了大规模的岩浆活动，岩浆岩呈弥散状分布，标志着华北克拉通失去了其原有的整体稳定性，即华北克拉通发生了破坏。

对华北地区深部结构的地震学探测，获得了华北克拉通岩石圈的厚度分布，发现华北克拉通东、西部地壳与岩石圈地幔结构和性质存在显著差异。东部陆块地壳（厚度 <35 km）和岩石圈（厚 60~80 km）明显不同于典型克拉通型岩石圈结构，西部陆块地壳（厚约 45 km）和岩石圈（厚达 200 km）则保持典型克拉通的特征，而中部陆块地壳和岩石圈厚度和结构都表现为强烈的横向非均匀性。岩石圈厚度分布提供了岩石圈减薄空间范围的直接证据。以上各方面的观测研究，确定了华北克拉通东部经历了整体性破坏与稳定性丧失，而西部地块仍保持整体稳定的属性，中部则整体稳定属性并未完全丧失（其岩石圈结构和性质部分转变与改造）。

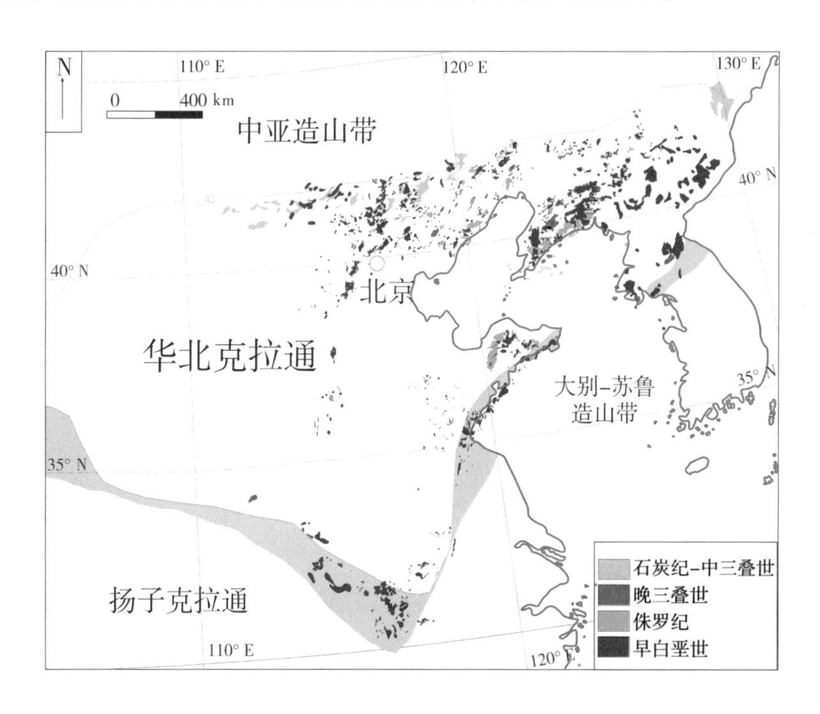

图 3.6 华北克拉通中生代岩浆岩的分布

根据大量岩石样品的年代学测量和地球化学分析测试，基于对火成岩的时空分布及其起源和构造背景的系统性研究，识别了华北克拉通显生宙发生的六期岩浆活动（图 3.7）。其中，新生代只是偶尔出现碱性玄武岩；前四期岩浆活动属于华北克拉通与南北块体拼合的响应，只发生在边缘地区；早白垩世中期是华北东部岩浆活动的峰期，以出现大规模高钾钙碱性岩浆活动为特征，来源于富集岩石圈地幔。对华北克拉通构造演化规律的系统研究发现，破坏前是挤压构造格局；早白垩世破坏期间对应着浅部地壳的强烈伸展活动；早白垩世末的一期挤压事件结束了东部的峰期破坏。

根据华北克拉通岩石圈物理化学性质的转变过程，结合岩浆活动、地壳变形、伸展盆地等标志，通过大量高精度年代学研究，确定了华北克拉通破坏峰期为早白垩世（峰值为 ca. 125 Ma）。在此峰期破坏之后，华北

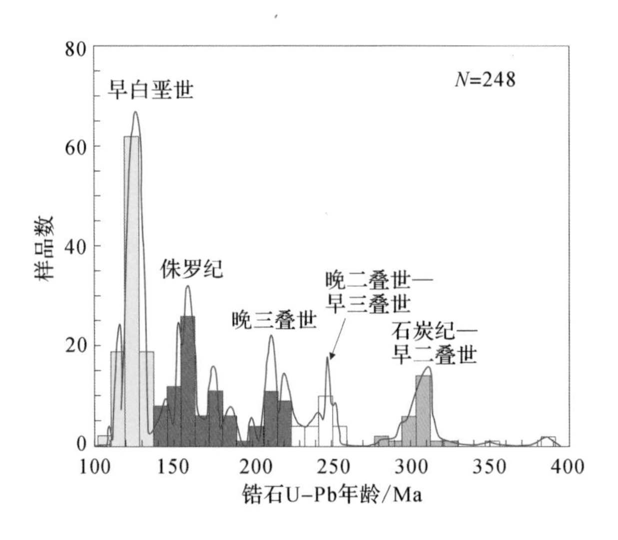

图 3.7 华北克拉通显生宙岩浆活动分布

华北克拉通显生宙以来出现了多期岩浆活动，图中前四期岩浆活动属于华北克拉通与南北两侧块体拼合的响应，岩浆活动仅发生在克拉通的边缘地区；早白垩世中期是华北克拉通东部岩浆活动的最高峰，以出现大规模的高钾钙碱性岩浆活动为特征，该岩浆活动峰期的出现标志着华北克拉通破坏的峰期为早白垩世（ca. 125 Ma）

克拉通东部完全丧失了典型克拉通的稳定属性。

总之，多学科的综合分析与研究，可靠地限定了华北克拉通的破坏发生在太行山以东地区，破坏的峰期为早白垩世。

3.3 克拉通破坏过程与机制

3.3.1 克拉通破坏的浅部构造过程

开展系统与深入的浅部地质研究，可以为认识华北克拉通破坏的时空分布、破坏过程、浅部效应、动力学机制等作出重要贡献。为此，本重大研究计划实施以来，应用了构造地质、盆地与油气地质、矿床地质、地层与古生物学等手段，深入地进行了华北克拉通中生代以来变形特征、变质核杂岩发育规律、构造演化史、盆地形成与演化等多方面的研究，取得了许多重要的进展。

1. 克拉通峰期破坏前的构造格局

通过对华北克拉通构造演化规律的系统研究，发现早白垩世峰期破坏前的中生代期间，克拉通经历了多期挤压变形，期间发育了陆相拗陷盆地，但整体稳定性基本没有丧失。华北克拉通北侧古亚洲洋（索伦克洋）在古生代末至中三叠世的最终关闭，使得克拉通北部阴山—燕山构造带卷入强烈的缩短变形（后陆变形）。该构造带在晚古生代还处于活动陆缘环境，因古亚洲洋向南俯冲而发育了一系列弧岩浆活动。在华南板块与华北克拉通于中三叠世沿着秦岭—大别—苏鲁碰撞造山中，华北克拉通南缘与东侧也卷入后陆变形，但之前没有发育弧岩浆活动。在中侏罗世末与早白垩世初，华北克拉通上再次发生了两期挤压事件，分别称为燕山运动 A 幕与 B

幕，属于古太平洋板块（Izanagi 板块）低角度俯冲导致的活动陆缘变形（图 3.8）。在此燕山运动中，郯庐断裂带强烈活动，并在华北克拉通东部伴生了一系列断裂构造，形成一系列断块。在上述 4 期挤压事件之间，华北克拉通内部发育了大型的坳陷型或挠曲型陆相盆地（T_1—J_2），目前完整保存在鄂尔多斯盆地，而东部因后期抬升与强烈变形而局部残留。这些盆地所指示的克拉通整体沉降特征，反映当时克拉通的整体稳定性还没有破坏。

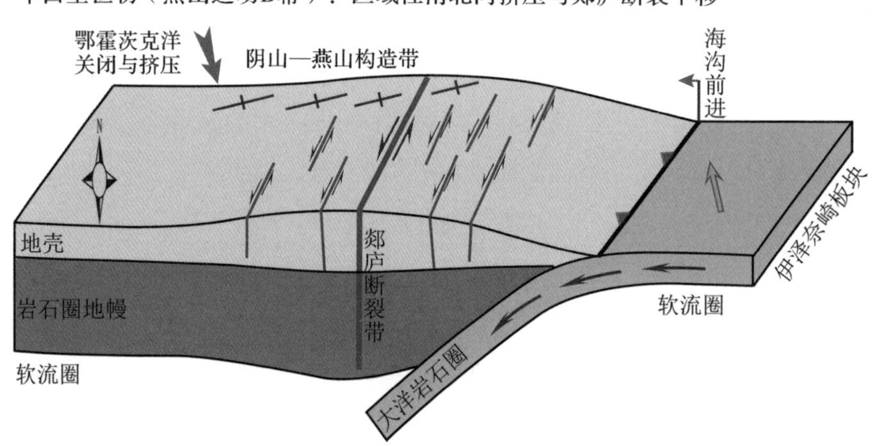

图 3.8 华北克拉通东部早白垩世初燕山运动 B 幕变形发生的动力学模式

2. 峰期破坏中的浅部构造特征

大量研究表明，华北克拉通东部在早白垩世峰期破坏与岩石圈减薄期间，对应着浅部地壳的强烈伸展活动。这期间地壳浅部以出现一系列伸展断层、伸展盆地及变质核杂岩为特征，伴随着大量的火山喷发与岩浆侵位，具有高热值背景。这期间克拉通北部变质核杂岩与断陷盆地相间出现，呈现为盆—岭构造格局。克拉通东部南缘分别出现了早白垩世的周口盆地、固镇盆地、信阳—潢川盆地、合肥盆地与胶莱盆地等伸展盆地。克拉通内部主要为小型断陷盆地群，包括鲁西南盆地群（曲府、泗水、平邑、大汶口、新泰、蒙阴、莱芜盆地等）及渤海湾盆地群。郯庐断裂带这一时期也转变为巨型的伸展断层，其内部与旁侧控制发育了一系列地堑式与半地堑式断陷盆地。华北克拉通东部这些陆相伸展盆地内，既有大量的碎屑岩充填，也有大规模中酸性为主的火山岩。控盆的正断层主要为北北东（NNE）走向。

在早白垩世期间，华北克拉通西部的鄂尔多斯盆地呈现为南北向展布的大型盆地。盆地西界为一近南北向、东倾的大型正断层，而东界主要为超覆边界。这期间的盆地西部沉积厚，向东部变薄，呈西断东超的大型半地堑格局。其北部还发育了近东西展布的河套盆地，而西侧现今残留有银川与巴彦浩特小型盆地。总体上，华北克拉通西部在早白垩世期间呈现弱伸展背景下整体拗陷或断—拗结合的大型盆地格局，并且岩浆与断层活动微弱，反映了稳定的克拉通状态。

3. 变质核杂岩发育机制

变质核杂岩是地壳内最强伸展变形的代表。华北克拉通东部在峰期破坏期间，发育了一系列变质核杂岩与伸展穹窿，主要出现在克拉通北缘。它们包括云蒙山、瓦子峪、呼和浩特、辽南、万福、小秦岭等变质核杂岩，以及房山、赤峰、玲珑等伸展穹窿。这些变质核杂岩集中出现在岩石圈减薄的峰期（早白垩世中期），与克拉通内岩浆活动峰期一致，指示了早白垩世中期的快速冷却与抬升事件，也从地壳变形角度验证了克拉通破坏的峰期。它们还指示了相同的区域性北西西—南东东（NWW—SEE）向拉伸，反映了板缘动力的主导作用。

经典的变质核杂岩形成于造山带环境，具有显著加厚的地壳，以伴随下地壳部分熔融与流动为特征。对比显示，华北克拉通变质核杂岩与造山带变质核杂岩诸多方面存在着差异。华北变质核杂岩是发育在克拉通边缘，具有中等程度加厚地壳，属于前陆变形带。华北克拉通变质核杂岩所剥露的下拆离盘均没有显示同期的混合岩化与广泛的流动变形现象，一般仅出露中地壳层次。华北变质核杂岩多以滚动枢纽模式发育，属于非造山带型或板内型变质核杂岩。

通过数值模拟表明，在包含软弱下地壳、较高的莫霍面初始温度（> 800℃）和较慢的伸展速度（<1 cm/a）条件下，变质核杂岩也可以形成于非增厚的大陆地壳环境，这就是华北变质核杂岩的形成环境。这些模拟显示，黏度分层结构控制地壳伸展的变形方式。当地壳包含弱层时，地壳伸展出现均匀伸展模式、拆离—抬升模式和变质核杂岩模式三种端元变形模式。只有强上地壳、弱下地壳的结构能够形成变质核杂岩。华北变质核杂岩具有强伸展、弱隆升特点，与花岗岩紧密伴生，表明其与重力垮塌机制形成的变质核杂岩不同，可能产生于高热流、慢应变机制。华北克拉通变质核杂岩的峰期活动（快速抬升时期为 135~115 Ma）与克拉通破坏中的峰期岩浆活动相吻合的特征，支持了强烈岩浆活动导致地壳显著加热，使地壳软化而形成变质核杂岩的推断。

4. 峰期破坏后浅部地质特征

经过早白垩世峰期破坏，华北克拉通东部的整体稳定性丧失，而西部仍维持着稳定状态。早白垩世末的一期挤压事件，结束了东部的峰期破坏。在晚白垩世，华北克拉通东部断陷盆地仅局部出现，处于岩浆活动平静期，总体上为弱拉伸的动力学背景。在古近纪期间，华北克拉通东部再次经历了强烈的区域伸展，形成了大量的断陷盆地，常伴随着玄武岩喷发。在古近纪早期，断陷盆地在克拉通东部广泛出现；古近纪中期，断陷盆地仅限于渤海湾盆地；古近纪晚期，渤海湾盆地内的沉积主要集中在渤海海域内郯庐断裂带附近。经历过古近纪末的挤压事件后，克拉通东部至新近纪仅局部出现拗陷，而第四纪期间主要遭受挤压。晚第四纪以来的挤压活动，造成华北克拉通东部多次发生强震，出现了郯庐地震带与华北平原地震带。晚白垩世以来，华北克拉通西部整体上仍维持着稳定，但周缘出现了活动带。在古近纪晚期至新近纪期间，华北克拉通西部发育了环鄂尔多斯地堑系。在鄂尔多斯地块北缘发育了东西向展布的河套地堑，西缘发育了北北东向的银川地堑，南缘发育了总体东西向的渭河地堑系。新近纪期间为环鄂尔多斯地堑的强烈活动期，其活动性明显强于克拉通东部。晚第四纪以来，环鄂尔多斯地堑系成为强震活动带，诱发了多次 7~8 级强震。

5. 伸展方向演变规律

理解华北克拉通破坏期间伸展方向的演变机理，有助于揭示克拉通破坏的动力学背景。综合变质核杂岩构造、伸展断层优势方位、盆地沉积格局、断层擦痕应力场反演等各个方面，可以有效限定华北克拉通东部白垩—古近纪伸展方向的演变规律。结果表明，克拉通东部的伸展方向在早白垩世早—中期为北西西—南东东向，在早白垩世晚期为北西—南东向，至晚白垩世—古近纪转变为近南北向。这显示华北克拉通在破坏期间，伸展方向随着时间发生了顺时针转变。通过对比，发现这一伸展方向的变化规律与太平洋区大洋板块运动方向变化吻合，反映大洋板块的运动方向控制了大陆边缘的弧后拉伸方向，即板缘动力控制着克拉通东部破坏期间的地壳浅部拉张方向。这指示华北克拉通东部的破坏发生在弧后拉张的动力学背景下，是西太平洋海沟后撤所驱动的伸展。这一研究成果从构造地质角度为华北克拉通破坏发生于弧后拉张的动力学背景提供了有力的证据。各种地质现象表明，华北克拉通东部在晚中生代并非处于安第斯型 / 科迪勒拉型陆缘弧或岩浆弧的环境（也称为俯冲型造山带环境），而是处于靠近大陆一侧的弧后环境。其早白垩世强烈的岩浆活动也不应属于典型的弧岩浆活动，而是活动大陆边缘弧后区在俯冲板片后撤背景下岩石圈伸展中发生的岩浆活动。

3.3.2 克拉通岩石圈的演变规律

克拉通破坏本质是其稳定性的丧失，原因是克拉通型岩石圈转变为大洋型岩石圈。在本重大研究计划执行中，对显生宙所有时段岩浆活动产物及其捕虏体进行了矿物学、岩石学和地球化学研究，研究区域横跨华北东部块体、西部块体、中部带和郯庐断裂带等主要单元。这一系列研究的开展，查清了华北地区古生代、中生代、新生代岩石圈的属性。研究中还对具有典型反应结构的橄榄岩捕虏体和捕虏晶的矿物环带进行了精细的岩石学和原位微区分析，探讨了地幔橄榄岩与熔体的相互作用过程以及熔体的组成与来源。这些成果揭示了华北克拉通岩石圈显生宙演变规律，为认清克拉通破坏本质奠定了基础。

1. 中—新生代岩浆作用的时空差异与地壳再循环

岩浆作用与岩石圈演化具有密切的成因联系。通过对华北克拉通东部中—新生代岩浆岩的系统矿物学、岩石学、年代学与地球化学研究，发现它们具有高度的化学不均一性，与多种形式的壳源组分再循环有关。其中，100 Ma 之前和之后的岩浆作用与成因显著不同，具有明显的阶段性。

100 Ma 之前，华北以出现大规模高钾钙碱性岩浆活动为特征，早白垩世中期是其活动的峰期。该期岩浆亏损高强场元素，富集Sr–Nd同位素组成，来源于富集岩石圈地幔。研究表明，富集—交代过程与多种形式（如大陆深俯冲、下地壳拆沉）的地壳再循环作用有关，与周缘板块活动历史相对应。扬子大陆深俯冲陆壳物质及其释放流体对华北岩石圈地幔的改造作用，决定了华北克拉通核部岩石圈地幔具有似 EM1 型特征，而克拉通周边岩石圈地幔具有似 EM2 型特征。新近纪河北汉诺坝玄武岩中地幔包体分别记录了 315 Ma 古亚洲洋俯冲诱发岩石圈地幔熔体—橄榄岩反应及 170~80 Ma 由再循环大陆地壳部分熔融引起的熔体—橄榄岩反应。山东费县和辽西四合屯早白垩世碱性苦橄岩和高镁玄武岩的地球化学特征与单斜辉石捕虏晶的反环带，表明源区不含橄榄石或橄榄石含量较少，但含有大量榴辉岩组分，这指示了明显的壳源贡献。华北晚中生代深部岩石圈中大量壳源组分的存在，有助于后期大规模熔融事件的发生及岩石圈减薄。

100 Ma 以来，华北出现板内基性岩浆。该期岩浆富集高强场元素，由相对亏损 Sr–Nd 同位素组成，来源于软流圈地幔。研究发现，这些基性岩浆源区存在大量榴辉岩（和石榴石辉石岩）组分，主要来源于变质成榴辉岩或石榴石辉石岩的俯冲洋壳。俯冲大洋板片部分熔融产生的埃达克质至长英质熔体与上覆 MORB 型地幔楔橄榄岩之间发生过熔体—橄榄岩反应。结合深部地球物理资料，推测这些俯冲洋壳组分来源于滞留在地幔过渡带的大洋板片。小于 20 Ma 的玄武岩组成显示华北和东北沿海为 EM1 和 EM2 型地幔，而内陆为 EM1 型地幔。由于 EM2 型地幔的形成与俯冲流体的交代有关，该地幔分区格局同样显示了太平洋俯冲对岩石圈演化的影响。

因此，华北中—新生代岩浆作用特点记录了多种地壳再循环（如大陆深俯冲、下地壳拆沉、洋壳俯冲等）对华北深部地幔的改造作用，真实地反映了华北克拉通与周边板块相互作用的多阶段演化历史，对揭示华北岩石圈演化机制具有重要意义。

2. 减薄前具有典型克拉通型岩石圈属性

华北克拉通是世界上最古老的克拉通之一，有 3800 Ma 的古老陆壳，在古元古代末（1.85 Ga）其东、西两个太古代陆核发生拼合、碰撞，形成统一的克拉通，完成克拉通化。自此以后，华北克拉通一直处于构造稳定状态，持续到早古生代。麻粒岩捕虏体中锆石的年代学和 Hf 同位素地球化学研究，揭示华北下地壳亦主要形成于太古代。中奥陶世金伯利岩的喷发是华北克拉通化后首次发生的岩浆活动。岩石圈地幔主要是由橄榄岩构成的，其中橄榄石是岩石圈地幔的主要组成矿物（>60%），因此岩石圈地幔的直接样品橄榄岩中橄榄石的组成在某种程度上能够提供岩石圈地幔组成的直接信息。典型的克拉通型岩石圈地幔（太古代岩石圈地幔）的主要特征是存在高度难熔的方辉橄榄岩和难熔的二辉橄榄岩。一般情况下，从太古代岩石圈地幔到元古代，再到显生宙岩石圈地幔，其橄榄岩的主量元素组成会由高度难熔过渡为不太难熔甚至饱满，而且岩石圈地幔由以方辉橄榄岩为主过渡为以二辉橄榄岩为主。太古代大陆岩石圈地幔被认为是在大于 150 km 深度下的原始地幔经过高程度部分熔融的残余。因此，太古代和显生宙的岩石圈地幔在矿物组成上存在着明显差异。在化学组成上，由于古老的大陆岩石圈地幔是原始地幔橄榄岩经历高程度部分熔融（抽取玄武质组分）的残余，因而与原始地幔或软流圈相比，古老的大陆岩石圈地幔高度亏损 Fe、Ca 和 Al 等玄武质组分，造成岩石圈地幔具有高度难熔的特点，而且密度比下伏的软流圈小。因此，古老的大陆岩石圈能够长期“漂浮”在软流圈之上，这是古老的克拉通岩石圈能够保持长期稳定的主要原因。

岩石圈地幔时代的确定是固体地球科学研究的难点，传统上依据地幔的亏损程度来推测岩石圈地幔的大致时代，即以地幔橄榄岩中橄榄石的 *Fo* 值为标志，*Fo* 值越高（越难熔），可能形成年龄越古老。如太古代地幔橄榄岩的 *Fo* 值（>92）高于显生宙地幔橄榄岩的 *Fo* 值（<91）。这与地球形成早期地温梯度高，其部分熔融程度亦高的事实是一致的。这暗示地幔橄榄岩中橄榄石的 *Fo* 值在某种程度上不仅具有组成信息而且具有年龄信息，其组成越难熔，很可能形成年龄越古老。山东蒙阴和辽宁复县含金刚石金伯利岩中的橄榄石捕虏晶、橄榄岩捕虏体以及金刚石中橄榄石包裹体（图 3.9）都具有很高的 *Fo* 值（94~92），完全分布在全球太古代构造域的组成范围内，暗示这些橄榄石所代表的岩石圈地幔很可能形成于太古代。

Re–Os 同位素是目前岩石圈地幔橄榄岩定年的最有效手段。理论上岩石圈地幔亏损程度越高，其 Os 同位素比值（$^{187}Os/^{188}Os$）越低，相应的同

图 3.9 中国山东蒙阴地区含有金刚石的金伯利岩

金伯利岩是金刚石的母岩。图中晶莹剔透的矿物颗粒为金刚石，产于中国山东蒙阴地区的金伯利岩中。金刚石是一种天然矿物，是钻石的原石。天然金刚石是在地球深部高压、高温条件下形成的一种由碳元素组成的单质晶体，产于地下约 180 km 处

位素年龄可能越老。山东蒙阴和辽宁复县含金刚石金伯利岩中橄榄岩包体 Os 模式年龄和 Re 亏损年龄测定，也指示华北岩石圈地幔形成于太古代，并且至少保存到奥陶纪金伯利岩喷发之时。

华北克拉通破坏前具有典型的克拉通型大陆岩石圈特征：①岩石圈厚，约 200 km；②岩石圈古老，形成于大于 2500 Ma 的太古代，其中岩石圈地幔中尖晶石相和石榴石相都形成于太古代；③岩石圈地温梯度低，相当于 40 mW/m^2；④岩石圈地幔组成难熔，即太古代发生过强烈的亏损事件，形成富镁橄榄岩，主要由难熔的方辉橄榄岩构成，其中橄榄石的 *Fo* 值为 94~92；⑤因岩石圈地幔富镁、贫铁，故其密度小，浮力大，地震波速高，使其漂浮在软流圈之上几十亿年而不被破坏；⑥岩石圈地幔存在 80~100

km 的交代富集层。由于小规模的熔体绝热上升至 80~100 km 位置时遇到巨大的热阻隔层，熔体很难继续上升，从而就地交代岩石圈地幔形成富集层；⑦岩石圈地幔 Sr–Nd–Hf 同位素为弱富集特征；⑧没有大规模的岩浆活动、强烈的构造变形和大地震，仅有少量金伯利岩的喷发（山东蒙阴地区和辽宁复县地区的金伯利岩含有金刚石和橄榄岩捕虏体）。

华北古生代金伯利岩及其石榴石橄榄岩捕虏体、地幔矿物捕虏晶、重矿物、金刚石固体包体矿物组合的温、压计算结果和橄榄岩捕虏体的 Re–Os 同位素资料，均表明华北克拉通东部在古生代时期存在一个古老的、地温梯度低的、厚达 200 km 的岩石圈。当时的岩石圈地幔主要由难熔的方辉橄榄岩和二辉橄榄岩组成，主量元素亏损，Sr–Nd 同位素组成轻微富集，具有典型的克拉通岩石圈地幔特征。

3. 中生代破坏过程中岩石圈性质转变

华北克拉通古生代岩石圈尚具有典型克拉通型大陆岩石圈特征，华北克拉通的破坏主要发生在中生代，即华北克拉通在中生代经历了构造体转变和克拉通强烈破坏。因此，中生代岩石圈组成和结构状态即是认识华北克拉通破坏和岩石圈减薄过程的关键所在。由于中生代幔源岩浆活动主要来源于岩石圈地幔，携带的地幔岩捕虏体和捕虏晶较少，因此，这些幔源岩浆活动的产物就成为探讨中生代华北岩石圈地幔组成的关键样品。研究发现，中生代岩石圈地幔存在高度化学不均一性，并具有明显时空演化规律。

通过对华北中生代玄武岩中捕虏晶的研究，提出橄榄岩—熔体反应是引起岩石圈地幔组成转变的重要机制。方城早白垩世玄武岩携带的环带状橄榄石捕虏晶和辉石捕虏晶的存在，说明橄榄岩中两种主要矿物都能和熔体发生反应，并造成矿物 Mg# 的降低。胶州晚白垩世玄武岩中环带状橄榄岩捕虏体的发现，进一步证明橄榄岩本身的确能够与熔体发生反应，形成低 Mg# 橄榄岩或橄辉岩。显然，这些矿物捕虏晶或橄榄岩捕虏体是在上升过程中与寄主玄武岩反应的结果，从而能保存其环带结构。但在岩石圈地幔的高温环境下，由于 Fe–Mg 具有很高的扩散速率，这种反应很快就会在矿物间取得化学平衡，因此，地幔橄榄岩捕虏体中很难保存直接的矿物反应结构。

全球对比显示，华北克拉通是显生宙以来全球克拉通破坏最剧烈的地区，为全球克拉通破坏的典型。华北克拉通西部（太行山重力梯度带以西地区），下地壳和岩石圈地幔结构大致保持了克拉通破坏前的状态，保存有大约 200 km 厚的岩石圈，而华北克拉通中部和东部（太行山重力梯度带以东），经历了不同程度的克拉通破坏、岩石圈减薄与性质转变。

华北克拉通东部中生代岩石圈的厚度和组成发生了明显的变化。岩石圈地幔不同程度地遭受了来源于再循环地壳物质的改造作用。东部岩石圈地幔因遭受了强烈的熔 / 流体改造，已由难熔的克拉通型转变为易熔的富集地幔，仅有少量古老地幔残存。相比之下，华北克拉通中部熔体改造程度较弱，古老地幔大量存在；西部古老的岩石圈地幔没有遭受明显的熔体改造。

同古生代相比，华北克拉通东部岩石圈厚度在中生代减薄了 80~120 km（地壳和岩石圈地幔均发生了明显的减薄），岩石圈地幔主要由二辉橄榄岩和辉石岩组成，呈现为主量元素组成相对饱满、Sr–Nd 同位素组成比较富集的特征。华北岩石圈地幔物质组成在中生代的巨大转变中，还遭受了再循环地壳物质对岩石圈地幔的改造作用，造成岩石圈地幔存在明显的时空不均一性。下地壳麻粒岩捕虏体的锆石年代学和 Hf 同位素地球化学研究揭示，显生宙以来华北古老下地壳也普遍遭受过多期、多阶段的岩浆底侵作用，包括加里东、海西、印支、燕山和喜山期，经历过类似岩石圈地幔的组成改造过程（图 3.10）。河北汉诺坝地区新生代岩石圈的结构特征，是根据地幔橄榄岩、辉石岩和麻粒岩捕虏体的岩石学研究结果以及矿物的

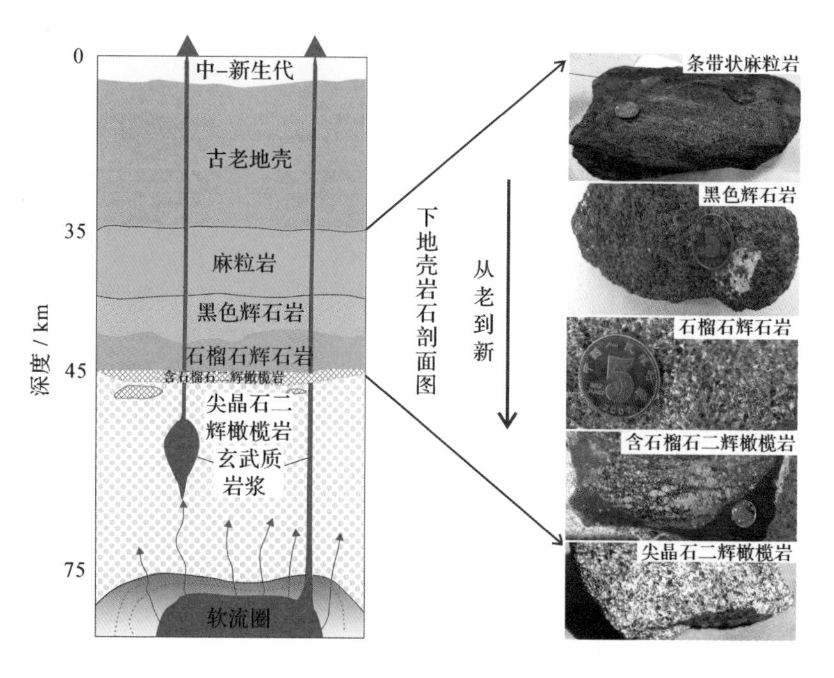

图 3.10 华北克拉通汉诺坝地区新生代岩石圈结构剖面示意

温度压力计算结果推断的，从岩石圈顶部到下地壳上部，岩石类型依次为尖晶石二辉橄榄岩、含石榴石二辉橄榄岩、石榴石辉石岩、黑色辉石岩、条带状麻粒岩和正常的古老麻粒岩。其中尖晶石二辉橄榄岩为正常岩石圈顶部岩石，石榴石二辉橄榄岩为熔体和橄榄岩反应的产物，各类石榴石辉石岩和黑色辉石岩为岩浆底侵作用的产物，条带状麻粒岩是底侵岩浆和古老麻粒岩反应并经历重结晶的产物。岩浆底侵作用主要发生在下地壳的底部，从而出现下地壳上老下新的结构。总之，华北克拉通的破坏不仅表现在岩石圈厚度的大规模减薄，更重要的是表现在岩石圈的组成、性质和结构的巨大改变以及广泛的岩浆作用。华北克拉通的破坏程度在晚中生代达到峰期，之后克拉通东部已经不再具有稳定的克拉通属性。

4. 新生代岩石圈地幔具有“大洋型”特征

华北克拉通晚白垩世以来有大量的玄武质岩石出露。其中，新生代玄武岩的露头非常多，尽管出露面积小，但却分布广泛。新生代玄武岩主要分布在郯庐断裂带沿线、华北北缘和太行山沿线。这些玄武岩主要为碱性玄武岩和拉斑玄武岩，其中碱性玄武岩中普遍含有地幔橄榄岩和辉石岩捕虏体。这些地幔捕虏体为我们探讨华北克拉通晚白垩世以来岩石圈地幔的组成特征及其演化规律提供了很好的样品。

以山东青岛地区的地幔橄榄岩捕虏体为代表，低 Mg# 橄榄岩在结构、岩石学和矿物学组成上与华北克拉通其他地区的新生代低 Mg# 橄榄岩具有相似性，代表了新生的岩石圈地幔；高 Mg# 橄榄岩的岩石学和矿物学特征与古老的岩石圈地幔相似，代表了古老岩石圈地幔的残余。而且，代表残余岩石圈地幔的高 Mg# 橄榄岩也经历了复杂的地幔交代作用或熔体与橄榄岩的相互反应。

位于华北克拉通东部郯庐断裂带内部的北岩地区比较特殊，该地区的地幔橄榄岩捕虏体可分为三类：二辉橄榄岩、富单斜辉石的二辉橄榄岩以及异剥橄榄岩。二辉橄榄岩橄榄石的 *Fo* 值较低（91.0~88.8），其岩石学和地球化学特征与晚中生代青岛和莒南低 Mg# 橄榄岩以及华北东部大多数新生代玄武岩中的二辉橄榄岩相似，说明北岩二辉橄榄岩代表新生岩石圈地幔；而富单斜辉石的二辉橄榄岩和异剥橄榄岩的 *Fo* 值（87.6~81.0）较二辉橄榄岩偏低，暗示这两种低 *Fo* 值的橄榄岩是由二辉橄榄岩与熔体反应所形成的，表明了该区新生的岩石圈地幔继续受到橄榄岩与熔体相互作用的改造。由于北岩玄武岩处于郯庐断裂带内部，晚白垩世—早第三纪软流圈的上涌及郯庐断裂带的剪切作用为熔体—橄榄岩反应提供了熔体的来源及其上升的通道，因此断裂带内岩石圈地幔的改造作用更加强烈，造成整个郯庐断裂带沿线的岩石圈地幔主体上以饱满的橄榄岩为主，具有大洋型岩石圈地幔特征。

对新生代玄武岩携带的二辉橄榄岩捕虏体的研究表明，华北东部岩石圈具有厚度薄（<80 km）、地温梯度高的特征。这一地带岩石圈地幔主体

相对年轻，主要由主量元素饱满、Sr–Nd同位素组成亏损的二辉橄榄岩组成，具有类似于“大洋型”岩石圈地幔的特征（图3.11）。这些结论进一步得到地球物理、古地温的研究结果和Re–Os同位素资料的支持。这些证据一方面证明了华北东部显生宙以来岩石圈曾发生过大规模的减薄作用；另一方面，充分说明华北东部岩石圈地幔的物质组成和性质发生了明显的变化。

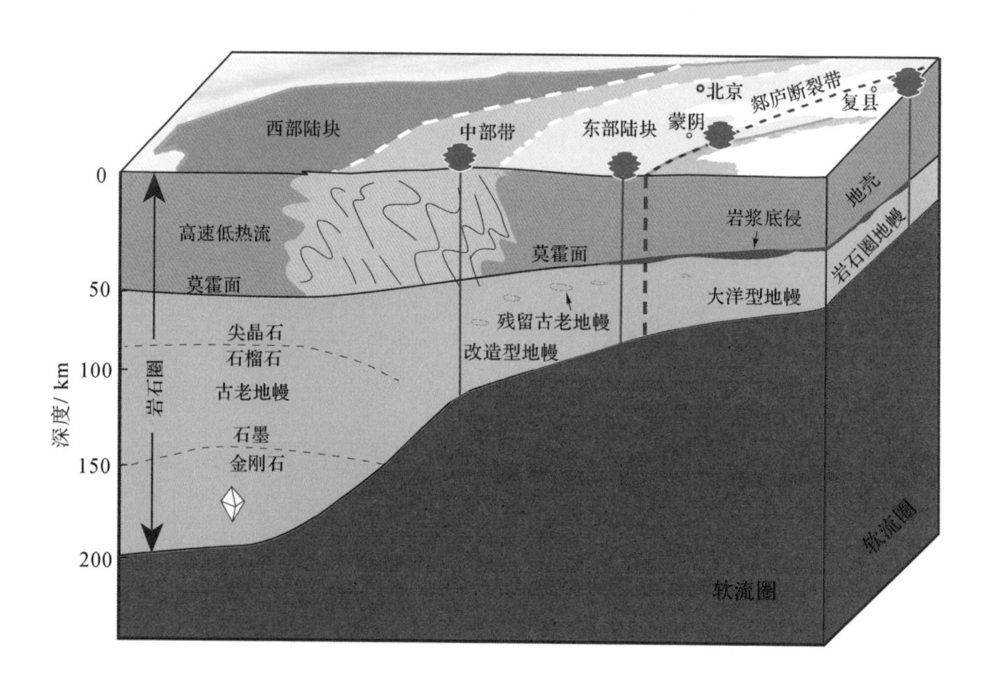

图3.11 华北克拉通新生代岩石圈剖面示意

华北克拉通新生代岩石圈整体较薄。华北克拉通东部岩石圈厚度仅有60~80 km，中部（太行山地区）岩石圈的厚度约为100 km，而西部（鄂尔多斯地块）岩石圈厚度仍有150~200 km。华北克拉通东部由原来的克拉通型地幔转变为类似于大洋型的地幔，仅在局部残存少量古老地幔；相比之下，华北中部仍有大量古老岩石圈地幔的残留，局部由于遭受了熔体的改造而变为改造型地幔；华北西部仍然保存着古老克拉通型的岩石圈地幔。综上，华北克拉通东部岩石圈地幔物质组成与物理化学性质发生了根本性的转变，失去了固有的克拉通型岩石圈地幔，其稳定性遭到了破坏，这就是华北克拉通破坏的由来一系列研究表明，华北岩石圈组成转变过程是橄榄岩或麻粒岩与不同来源熔体相互作用的结果，这是华北克拉通之所以能够被破坏的本质所在。研究显示，地幔橄榄岩组成矿物间存在明显的 Sr–Nd、Li–Fe–Mg 同位素不平衡现象，并指出橄榄岩—熔体相互作用是导致地幔橄榄岩中 Li–Fe–Mg 同位素分馏以及矿物之间 Sr–Nd 同位素不平衡的重要原因，进而证明地幔中的确存在熔体 / 流体—橄榄岩相互作用。华北地幔橄榄岩相对低的 Os 含量和高的 Os 同位素比值也是橄榄岩—熔体相互作用的结果，即地幔交代作用能够导致岩石圈地幔的 Os 含量及同位素组成的变化。

因此，华北克拉通岩石圈地幔经历了多期、多阶段的熔体改造过程，从而导致其组成和性质的巨大变化。通过对残存岩石圈地幔样品的系统实验研究，进一步证明橄榄岩—熔体相互作用是华北克拉通岩石圈地幔成分和性质发生变化的直接原因，这也应是全球克拉通演化的普遍特点。

3.3.3 流体对大陆岩石圈稳定性的影响

大陆岩石圈的稳定性在很大程度上取决于其流变学强度。由于流体对于矿物 / 岩石流变学强度的影响显著，了解流体在大陆岩石圈中的赋存状态、含量和分布特征是研究其稳定性的必要内容。岩石圈的流体以 C、H、O、S 为主要组分，并以较高的 H 含量为特征。

以华北中—新生代玄武岩和其中的橄榄岩和麻粒岩捕虏体为研究对象，通过分析主要组成矿物中结构水的赋存状态、含量和氢氧同位素组成，得到了以下几个关键观测事实。

（1）华北深部岩石圈的主要物相（橄榄石、辉石、石榴石、长石）虽然是“名义上的无水矿物”，但它们普遍含有结构水，含量可高至上千 ppm。

（2）下地壳较之岩石圈地幔来说具有高得多的水含量。华北新生代玄武岩中的基性麻粒岩包体的全岩水含量多在几百 ppm，而共存的橄榄岩捕虏体的全岩水含量小于 100 ppm。据此进行的简单计算表明，华北下地壳流变强度比岩石圈地幔至少低一个数量级。

（3）华北东部岩石圈地幔的水含量具有随着时代变新而逐渐降低的特点，从 ca. 125 Ma 时总体上远高于 MORB 源区（50~200 ppm），ca. 80 Ma 时总体上略高于 MORB 源区到 <40 Ma 后总体上远低于 MORB 源区。

（4）华北东部新生代岩石圈地幔的水含量具有相似的特点，总体上远低于 MORB 源区，只有在薄弱带（如郯庐断裂带）才会出现和 MORB 源区水含量类似的物质。

（5）对华北东部新生代玄武岩中橄榄岩包体的矿物氢氧同位素分析，显示了异于正常地幔的 δD、$\delta^{18}O$ 以及共存矿物之间的不平衡分馏，这表明岩石圈地幔曾经受到过俯冲洋壳流体的影响。

根据这些观测事实，再结合岩石、地球化学研究成果，表明流体对华北岩石圈稳定性具有重要影响。ca. 125 Ma 是华北克拉通破坏的高峰期，此时岩石圈地幔的水含量远高于 MORB 源区。这验证了多年来科学界的一个推测，即稳定的克拉通之所以能够被破坏与其被强烈水化导致的强度显著降低密切相关。华北中生代岩石圈地幔的水化应该是克拉通周缘晚古生代—中生代时期多次板块俯冲所致，这一认识与氢氧同位素信息是一致的。<40 Ma 的华北岩石圈地幔具有远低于 MORB 源区的水含量，这与其从活动状态重新进入稳定状态是一致的，说明大陆岩石圈的稳定与其经历过强烈脱水而导致的高强度有关。这时期的华北岩石圈地幔可能总体上都是减薄后的残余。在薄弱带出现的具有和 MORB 源区水含量类似的样品，可能才是新增生的物质。

华北岩石圈地幔水含量从 ca. 125 Ma → ca. 80 Ma → <40 Ma 是逐渐降低的，这暗示水含量的变化是岩石圈减薄中的热扰动所致。因此，岩石圈减薄的过程应该符合长期的机制，而不是整体拆沉所对应的短期机制。这

和下地壳与岩石圈地幔之间显著的水含量差异是一致的，两者之间流变强度的差异说明两者之间在力学上是解耦的，不能够一起拆沉。

3.3.4 上地幔和地幔过渡带结构与地幔流动状态

地壳—上地幔结构和状态记录了克拉通演化的结构响应，是认识克拉通破坏方式与动力学作用不可缺少的依据。对华北及邻近地区地球内部结构的地震探测，测定了上地幔的速度异常和各向异性状态以及地幔过渡带形态，提供了华北地区上地幔存在局部不稳定地幔流动的结构证据。

应用密集采样的新数据，采用有限频地震层析成像方法获得的高分辨率层析成像，探明了克拉通东部之下的上地幔浅部地震波由低速异常主导，反映该地区热而薄的岩石圈地幔特征；西部地震波速明显偏高，高速体延伸到 300 km 深度以下，对应于该区域厚的岩石圈地幔根。探测到在华北克拉通中部地区从 80 km 到地幔转换带深度，地震波表现为明显的低速异常，且存在南北差异，异常的幅度强于东部地区。该低速带代表了新生代以来强烈的地幔运动，可能起源于地幔转换带甚至下地幔的上升热物质。

应用SKS横波分裂测量方法，获得了2000多个有效横波分裂观测数据，指示了华北及邻区上地幔各向异性及其反映的上地幔变形特征。在华北克拉通中部的高速—低速异常交界地区，观察到横波分裂参数的快速空间变化，反映了软流圈与岩石圈相互作用的效应。层析成像和横波分裂的综合结果指示，上涌的软流圈运动到达岩石圈底部后，由于受到阻挡而主体转变为水平向流动。

利用接受函数共转换点叠加，获得了华北克拉通区域之下 410 km、660 km 间断面深度和地幔过渡带厚度分布图像。华北地区地幔过渡带区域的状态既在横向上不均匀，垂向上也存在变化。410 km 间断面的起伏特征及其反映的热状态与克拉通中新生代岩浆—构造作用和克拉通破坏的东西差异吻合，而 660 km 间断面的起伏形态和地幔过渡带厚度变化及其对应的低温环境代表了太平洋俯冲板片在这一区域上地幔底部的滞留特征。在渤海湾西侧附近，地幔过渡带相对较薄，地震波速相对较低，与大区域特征明显不同。这表明滞留板片形态复杂，局部破碎，可能有板片碎块穿过地幔过渡带，进入了下地幔。

上述岩石圈 / 软流圈的空间接触关系、上地幔速度和地幔过渡带形态的不均匀性以及复杂的地幔变形方式，提供了华北地区上地幔存在局部不稳定地幔流动的结构证据。

3.3.5 华北克拉通破坏的动力学机制

认识华北克拉通破坏的动力学机制不仅是理解其破坏原因的关键，更是认识大陆演化规律的重要环节。本重大研究计划开展以来，不同学科的研究人员围绕着这一核心科学问题开展了深入的研究，获得了大量的信息，取得了突出的进展。

大量研究表明，华北克拉通北部与南部在峰期破坏前受到过俯冲的影响。晚古生代古亚洲洋的向南俯冲，使得克拉通北部成为活动陆缘。中三叠世扬子大陆向北俯冲于华北克拉通之下，也使克拉通南部加入活动组分。但是，这两个俯冲作用并没有破坏华北克拉通的整体稳定性。

综合多方面成果显示，古太平洋板块俯冲对华北岩石圈破坏的影响是决定性的，是导致克拉通东部稳定性整体丧失的关键 (图 3.12)。

太平洋板块俯冲作用于华北岩石圈演化的主要证据包括以下几点。

（1）浅部构造地质方面的研究表明，华北克拉通东部在破坏期间拉伸方向发生了有规律的顺时针转变。这一变化规律与太平洋区大洋板块运动方向的变化吻合，从而指示华北克拉通东部的破坏发生在弧后拉张的动力学背景下，大洋板块的运动方向控制了大陆边缘的弧后拉伸方向。

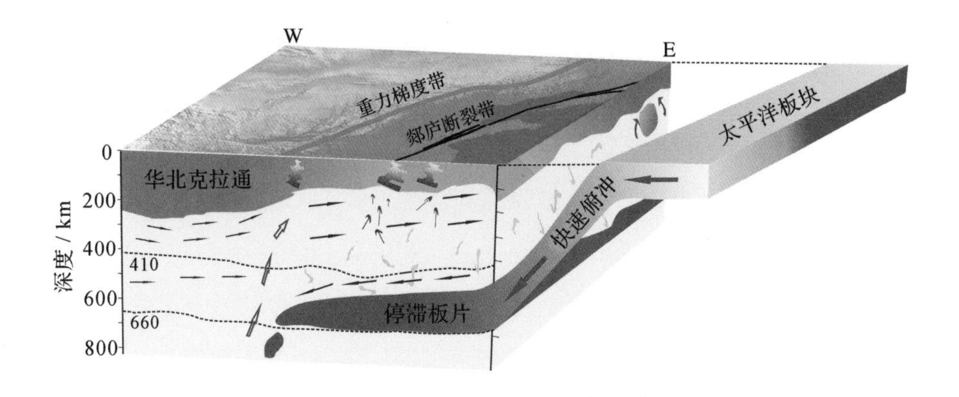

图 3.12 华北克拉通破坏的深部过程与动力学机制示意

（2）深部地球物理探测表明，向西俯冲的太平洋板块下插在太行山以东的华北克拉通东部之下，使后者成为俯冲大洋板片之上的活动大陆边缘。

（3）华北和东北 90 Ma 以来的基性岩浆源区中发现大量俯冲洋壳组分，可能来源于洋壳上部的蚀变玄武岩及少量沉积物，以及俯冲洋壳下部的堆晶辉长岩和超镁铁质岩石，说明完整的俯冲洋壳部分参与了该时期的岩浆活动。

（4）华北东部岩石圈地幔的水含量具有随着时代变新而逐渐降低的特点，突显了水在岩石圈破坏过程中的作用及大洋板块俯冲的存在。西太平洋板块俯冲过程中释放大量水至华北克拉通岩石圈地幔并导致强烈水化，使华北克拉通东部地幔对流系统失稳，上覆岩石圈被交代—熔融—弱化，继而导致岩石圈减薄和克拉通破坏。

综合研究表明，古太平洋板块俯冲是导致华北克拉通破坏的一级外部驱动力。华北克拉通破坏的动力学机制可以概括为：晚中生代期间，古太平洋板块（Izanagi 板块）向东亚大陆下持续俯冲中发生后撤，在地幔过渡带滞留脱水，使得上覆岩石圈地幔（大地幔楔）发生部分熔融和非稳态流动等动力学过程，从而造成华北克拉通东部破坏。从时间上来说，反映克拉通破坏的大规模岩浆活动、区域性伸展作用和大规模成矿等时期均与晚中生代古太平洋板块向东亚大陆俯冲滞留的时间对应；从空间上来说，南北重力梯度带、郯庐断裂带及华北克拉通东部一系列伸展构造皆与晚中生代古太平洋板块俯冲带平行，并且具有伴生现象。由此可见，晚中生代古太平洋板块俯冲过程对华北克拉通东部从地表到上地幔以及地幔过渡带的结构与物性都产生了强烈影响，造成过渡带间断面形态高度不均匀，导致华北克拉通下方产生不稳定的地幔流动体系，引起上地幔减压熔融或地幔物质向上流动；另一方面，上述不稳定的地幔流动体系及古太平洋板块俯冲还引起弧后拉张作用。这样的动力背景和非稳态地幔流动体系的共同作用，导致了华北克拉通东部的破坏。总之，早白垩世古太平洋板块俯冲作用是导致华北克拉通破坏的一级外部控制因素和驱动力。俯冲板片在地幔过渡带的滞留脱水，使上覆地幔发生部分熔融和非稳态流动，是导致克拉通破坏的主要途径。图 3.13 的数值模拟结果描述了板块俯冲脱水的特性。

全球对比显示，晚中生代华北克拉通破坏与当时活跃的全球构造背景紧密相关。在全球地幔整体升温的大背景下，这一时期太平洋区板块的快速俯冲加剧了俯冲带及其邻近区域地幔非稳态流动的出现，大量熔 / 流体的加入大大增强了上覆岩石圈地幔的交代作用，岩石圈地幔显著弱化；同时，非稳态地幔流动进一步促使克拉通内力学薄弱带发生构造活化，从而加速了克拉通岩石圈的破坏。

3.3.6 全球克拉通破坏的关键因素

本重大研究计划的关键成果之一，就是发现了西太平洋板块俯冲导致华北克拉通东部破坏。全球其他克拉通破坏的诱发因素是否也如此，是否存在着普适性规律，这对于认识全球大陆演化规律具有重要的意义。为此，本重大研究计划执行中开展了全球对比分析，限定了全球克拉通破坏的关键因素。

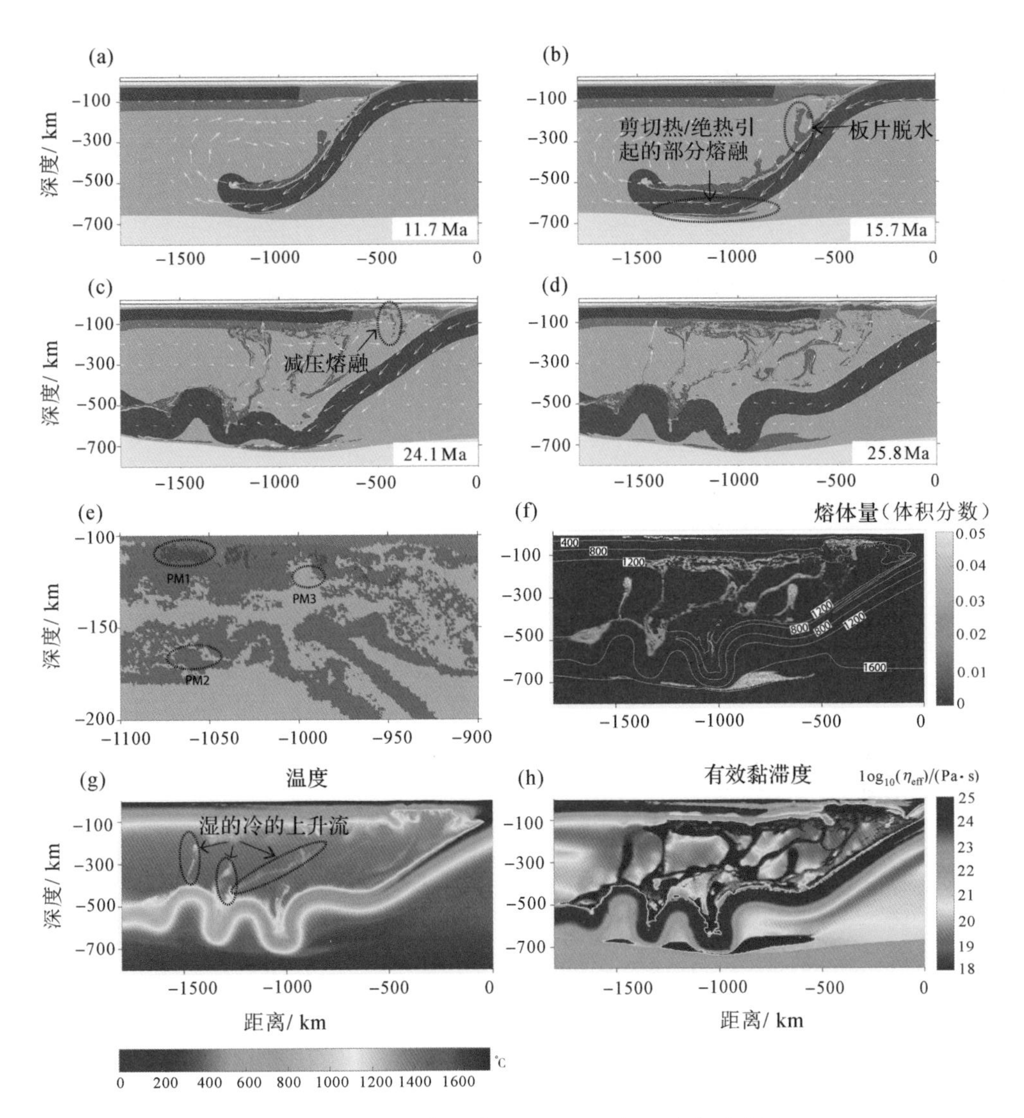

图 3.13 大洋俯冲与克拉通破坏过程的数值模拟

1. 岩石圈减薄是克拉通演化的常态，但不等同于克拉通破坏

华北克拉通破坏的重要标志之一是岩石圈减薄。对比发现，岩石圈减薄为全球克拉通常态，但不等同于克拉通破坏。全球常见克拉通岩石圈减薄现象，但很多没有发生破坏。

印度克拉通在形成后的稳定阶段，发育有各式各样的非造山岩浆岩。约 65 Ma 发生了大面积（约百万平方公里）的德干 (Deccan) 玄武岩喷发。其岩石圈减薄超过 100 km。印度克拉通岩石圈属性未发生变化，仍保持稳定，即发生了岩石圈减薄但没有出现克拉通破坏。西伯利亚克拉通被认为是全球稳定克拉通的典型代表，在 360~220 Ma 发生过约 50 km 的岩石圈减薄，但也没有发生克拉通破坏。南美克拉通在 90~70 Ma 期间岩石圈厚度从约 200 km 减薄到约 125 km，即发生了约 75 km 岩石圈减薄。

综合印度、西伯利亚和南美克拉通演化可见，岩石圈减薄并非华北克拉通所独有，它是克拉通演化过程中经常发育的一种地质现象，属于大陆演化的常态。与华北克拉通不同的是，尽管这些克拉通发生了岩石圈的减薄，但均没有伴随克拉通的破坏。由此表明，虽然克拉通破坏必然伴随着岩石圈减薄，但是岩石圈减薄并不是克拉通破坏的充分条件，也不能等同于克拉通破坏。

2. 地幔柱热侵蚀并非岩石圈减薄与克拉通破坏的必要条件

虽然印度、西伯利亚和南美克拉通的岩石圈减薄机制还没有定论，但更可能是地幔柱热侵蚀的结果。德干地幔柱岩浆作用可能是导致印度克拉通岩石圈减薄的主要机制。西伯利亚克拉通岩石圈减薄期间，360 Ma 的 Yakutsk 地幔柱活动及 250 Ma 前后出现的西伯利亚地幔柱活动，应是西伯利亚克拉通岩石圈减薄的主要原因。南美克拉通岩石圈减薄期间也正是 Trindade 地幔柱活动时期。已有的研究表明，较大规模的地幔柱活动可以通过岩石圈底部的热侵蚀而导致岩石圈减薄，而较小规模的地幔柱活动可能不会对克拉通岩石圈造成有效的减薄。

南非克拉通是地幔柱活动没有导致岩石圈减薄的一个典型实例。中国的扬子和塔里木克拉通在二叠纪均受到过地幔柱作用的影响，但这两个克拉通在当时并未发生破坏。在华北克拉通，早古生代金伯利岩的形成可能与地幔柱关系密切，但华北当时也没有发生明显的岩石圈减薄或者破坏。

上述实例表明，克拉通遭受地幔柱或地幔上涌影响时可能（并非必然）会发生岩石圈减薄。因而，地幔柱活动并非岩石圈减薄的充分条件。全球一些克拉通在地幔柱的影响下发生过岩石圈减薄，但它们均没有发生克拉通破坏。目前，全球还没有地幔柱作用导致克拉通破坏的地质事实。

3. 大洋板块俯冲是导致克拉通破坏的关键

在全球 35 个主要克拉通中，北美是除华北以外被破坏的另外一个典型克拉通。在中生代期间，东太平洋 Farallon 板块的俯冲，形成北美大陆西部的科迪勒拉 (Cordillera) 造山带，并使整个北美克拉通西部边缘发生破坏而失去稳定性。南美巴西克拉通西部也因大洋板块的持续俯冲而成为活动大陆边缘，发生了显著的减薄和破坏，产生了著名的南美安第斯高原及相关的中—新生代岩浆与成矿作用。全球对比也表明，大洋板块俯冲才是导致克拉通破坏的关键因素。岩石圈减薄在全球其他克拉通中也多有发生，但大多并不伴随克拉通的破坏。只有当受到大洋板块俯冲作用的影响时，克拉通破坏才有可能发生。

3.3.7 克拉通破坏理论

本重大研究计划的实施，开展了大量观测实验和多学科综合研究，表明华北克拉通的破坏不仅表现为地壳范围内的大面积岩浆活动与构造变形，其本质是克拉通稳定性的丧失，而原因是其深部岩石圈的组成与性质发生了根本性转变。这一认识揭示了华北克拉通演化的科学内涵，突出了克拉通演化的本质。通过全球对比与研究发现，岩石圈减薄是全球克拉通演化中的常见现象，但克拉通破坏主要发生在毗邻板块俯冲边界的大陆地区，俯冲板块—岩石圈地幔—软流圈地幔的相互作用是导致克拉通破坏的关键。基于此，建立了克拉通破坏理论。这一原创性的认识，将华北区域研究总结出来的规律推向了具有全球普适性的研究，实现了理论上的重大突破，从而发展了板块构造理论。

克拉通破坏作为地球上发生的一种重要地球动力学过程，对大陆的形成演化有着重要的指示意义。在传统的大陆地质研究中，大陆为什么会长期保存是地质学家极其关心的问题。克拉通破坏的发现，又使人们开始思考大陆为什么会被破坏。华北东部是目前被确认的克拉通破坏的典型地区，但克拉通破坏并非华北所独有。克拉通破坏这一地球动力学过程在全球其他大陆上也发生过，北美西部的克拉通破坏就是典型的例证。大陆通过碰撞而发生聚合，通过克拉通化而趋于稳定，但这并不是大陆演化的终结。在受到周边大洋板块的俯冲作用影响时，克拉通会发生破坏；待深部地幔恢复到正常状态时，上部的大陆又趋于稳定，完成一次新的克拉通化过程。因而，长期稳定的大陆克拉通会因破坏而丧失稳定性，克拉通破坏也是大陆演化的重要环节。

3.4 克拉通破坏的浅部效应

华北克拉通破坏的浅部效应，特别是资源与生物效应，不仅关系对地球系统科学的深入理解，也关乎我国的可持续发展和国家战略需求。本重大研究计划在这些方面也取得了一些重要的成果。

3.4.1 克拉通破坏型金矿的提出

黄金是国家战略资源和紧缺矿种之一。华北是我国重要的黄金生产基地，探明黄金储量约占全国的 50%。华北克拉通上大型和超大型金矿主要分布在东部与中部陆块上（克拉通破坏区），由两条近北北东（NNE）向展布的东、西成矿带构成（图 3.14）。东成矿带以胶东、辽东和吉南金矿集区为代表；西成矿带主要包括小秦岭—熊耳山、太行山中段和冀北—冀东等金矿集区。

华北克拉通大规模金成矿作用发生在早白垩世，与克拉通破坏的峰期一致。成矿作用具有以下主要特点：①金和其他成矿物质具有多源性，直接来自岩浆热液或由地壳流体从前寒武纪变质岩中萃取；②金的迁移和富集受统一流体系统控制；③成矿作用具有爆发性，成矿时代集中在 135~115 Ma；④矿体的产状和分布明显受次级断裂控制，并多与晚中生代岩体具有较密切的空间关系；⑤形成于强烈伸展构造背景，正断层与变质核杂岩是主要的控矿构造。这些地质和矿化特征，明显不同于世界其他克

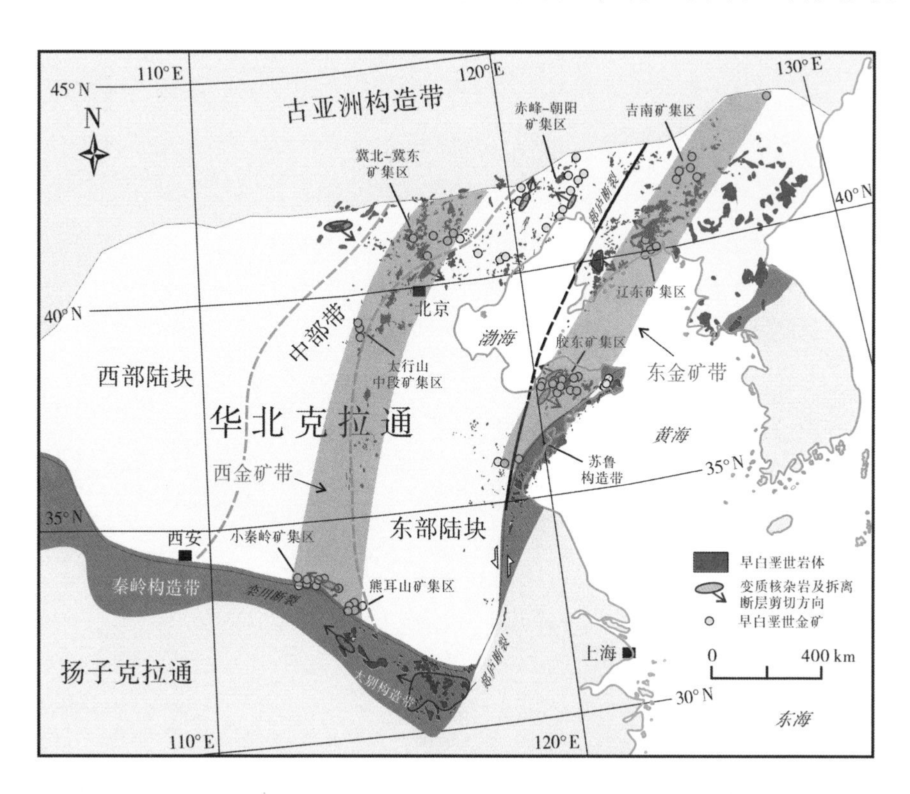

图 3.14 华北克拉通早白垩世金成矿带分布

拉通的脉状金矿床，难以用国际流行的造山型金矿床的成矿理论来诠释。因而，华北克拉通早白垩世金矿床不属于“造山型”，而是“克拉通破坏型”，其与“造山型”（挤压背景）金矿床的本质区别在于成矿构造背景(伸展背景)和成矿流体来源不同，主要与来自克拉通破坏相关的岩浆活动有关。

华北克拉通东、西两条金矿带成矿时代分别集中在 120 Ma 和 130 Ma。金成矿时代的差异是由早白垩世西太平洋俯冲板块后撤、俯冲带迁移所造成的。西太平洋俯冲板块的前缘在 130 Ma 左右到达华北克拉通东部西缘，因板片后撤而在地幔过渡带发生滞留。俯冲板块在地幔过渡带的滞导致上地幔产生不稳定流动。这种不稳定流动引起岩石圈地幔中熔、流体含量急剧增加，并使其逐步转变为强烈交代富集地幔。富集的岩石圈地幔与下地壳相互作用，形成富含金元素的流体。这些成矿流体沿地壳构造薄弱带上升，形成西金矿带的金矿床。随着俯冲板块向东后撤，120 Ma 左右俯冲板块开始在东金矿带之下的地幔过渡带滞留，华北克拉通东部岩石圈地幔此时全部转变为强烈交代富集地幔。地幔熔融形成的熔、流体与下地壳作用形成的成矿流体沿郯庐和鸭绿江等大型主断裂和次级断裂上升，形成东金矿带。由此可见，华北克拉通破坏控制了金成矿作用（图 3.15）。

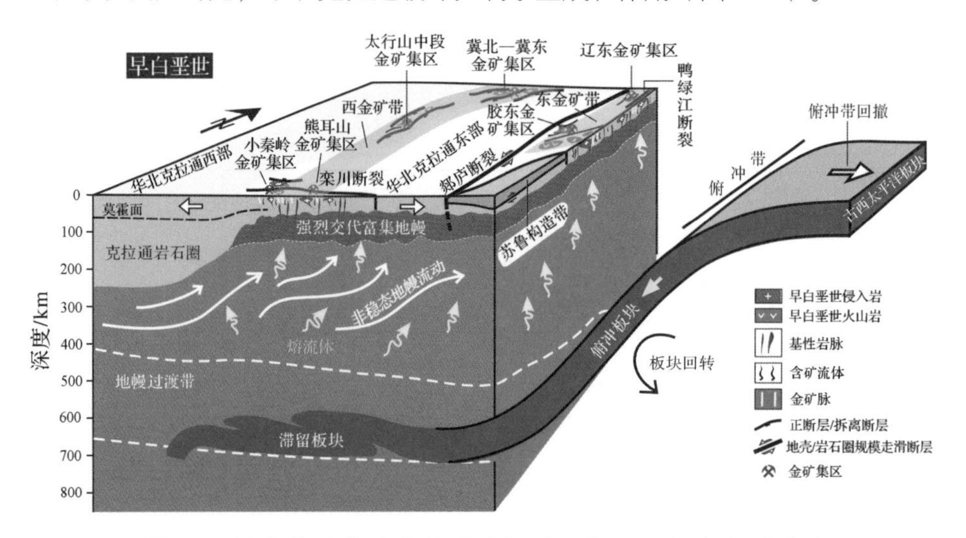

图 3.15 早白垩世华北克拉通破坏的深部过程与金成矿关系

3.4.2 大规模钼成矿作用

华北克拉通破坏中，还在其南、北缘出现大规模的钼成矿作用。华北克拉通南缘的秦岭钼矿带，呈北西（NW）向展布，是我国钼矿资源最为丰富的区域，已探明钼金属储量约 890 万吨，是世界上规模最大的钼成矿带。该带的钼成矿作用主要与燕山期岩浆活动密切相关，矿化样式主要为斑岩型、斑岩—矽卡岩复合型、石英脉型和碳酸盐脉型。这些钼成矿时间为 210~110 Ma，以早白垩世矿化最为强烈。

华北克拉通北缘燕辽钼矿带呈东西向展布，延绵超过 1000 km。这些钼矿也与燕山期的岩浆活动有密切的成因联系，矿化样式以斑岩型、矽卡岩型及石英脉型为主。该带主要有三个成矿时代，即 248~225 Ma、190~145 Ma 和 145~134 Ma，以后者（早白垩世）矿化规模最大。

华北克拉通钼矿床形成时代包括三个时期，钼矿化从三叠纪开始出现，至早白垩世达到顶峰。大规模钼矿化时间发生在克拉通破坏期间。三叠纪钼矿化分布于克拉通南、北缘外侧，与古亚洲洋和古特提斯洋演化相关。侏罗纪时期，华北克拉通转变为滨太平洋构造域，出现一些大型钼矿床。至早白垩世，由于古太平洋板块的后撤作用，导致壳—幔相互作用明显增强，出现大规模的钼矿化，形成超大型钼矿床。

3.4.3 克拉通破坏对陆相油气分布的影响

华北克拉通破坏也影响着陆相油气分布。在华北克拉通西部，鄂尔多斯盆地内丰富的早中生代油气，形成于稳定的、未发生过破坏的克拉通背景上。在克拉通东部，早白垩世（峰期破坏时）发育的合肥盆地、周口盆地与胶莱盆地内，至今没有发现很好的油气前景，显示了克拉通破坏对油气形成与保存的不利影响。早中生代已经发育的合肥盆地内，至今也没有发现早中生代的油气。在古近纪期间，华北克拉通东部再次发生了强烈伸展活动，形成了大型渤海湾含油气盆地。这一大型盆地出现在岩石圈减薄的最强部位，成盆后发生了岩石圈的热沉降，是我国重要的油气聚集区。相较于稳定克拉通上大型陆相盆地，渤海湾盆地具有明显的内部演化与油气聚集的不均一性和复杂性，也体现了克拉通破坏的强烈变形对成藏的显著影响。

3.5 自主研发系列分析方法和测试技术

在科学问题的引导和驱动下，建设了一流的实验和观测技术平台。在地球化学实验研究领域，自主研发了系列原位微区年代学和同位素分析方法，并将这些开拓性的方法与技术广泛应用到克拉通破坏与全球大陆构造研究领域。所建立的分析方法和技术流程被国内外多家实验室采用。据 ISI Geosciences 的统计，目前中国科学院地质与地球物理研究所多接收—电感耦合等离子体质谱实验室发表的激光原位 Sr–Nd–Hf 同位素数据约占整个国际学术界的一半左右，为国内外地球科学家提供了优质技术平台。本项目研发的非传统稳定同位素等新方法，开创了西方科学家学习、应用“中国方法”的新时代。

实验室先后开拓了一系列副矿物原位微区定年方法，能够定年的副矿物种类在国际同类实验室中最多。金伯利岩是金刚石的母岩浆，它起源很深，蕴含岩石圈组成与演化的大量信息。由于金伯利岩含有大量包体，而且风化蚀变强烈，这给金伯利岩年龄和初始岩浆组成的测定工作造成极大困难。为了解决这一难题，实验室研发了金伯利岩中钙钛矿的原位同位素分析技术，精确测定了华北克拉通古生代岩石圈地幔的同位素组成，而且为解决金伯利岩时代和成因问题提供了关键技术。实验室目前能够测定的矿物包括斜长石、方解石、榍石、磷灰石、钙钛矿、独居石、氟碳铈矿和烧绿石等，为测定缺乏锆石和斜锆石的地质体年龄提供了重要工具。

为了精确确定华北克拉通破坏发生的时间、反演岩石圈地幔性质转变的过程，本项目先后引进了 Cameca 1280 型离子探针和纳米离子探针，通过一系列元素和同位素分析方法和标准样品的研发，实现了高精度、高灵敏度、高空间分辨率、高效率的同位素定年和示踪分析 (图 3.16)。纳米离子探针主要用于高空间分辨率微区分析，空间分辨率：<5 微米 ~ 纳米，解决微细样品的原位测定难题。颗粒细微的样品无法利用激光技术或 Cameca 1280 离子探针准确测定（图 3.17）。

在国际上率先开展了联机测定，将激光系统与两台等离子质谱仪连接，实现年龄、微量元素和同位素的同时测定，极大地提高了分析效率，而且可以获得样品同一部位配套的年代学和地球化学信息。例如，建立了锆石

图 3.16 Cameca 1280 型离子探针

用于高精度微区分析，空间分辨率为 5~20 mm，可精确测定地质样品中的多种元素含量和同位素组成，从而确定了华北克拉通破坏的峰期时间为早白垩世（ca. 125 Ma）

图 3.17 科研人员向国外学者介绍纳米离子探针的特点与应用

和斜锆石的 U–Pb 年龄、Hf 同位素和微量元素联机同时原位分析的新方法，实现了同一部位取样获得多种同位素和元素成分信息，此方法已被广泛应用到岩石的成因、大陆地壳形成及造山带演化等诸多研究领域。这一技术实现了大量样品的高效、快速、准确测定，吸引大量外国一流学者前来合作研究（图 3.18）。

实验室已成为国际原位微区分析的重要基地，是国际上发表 Sr、Nd 和 Hf 同位素数据最多的实验室之一。近年来，澳大利亚、美国、英国、德国、印度、韩国等国家及中国香港和台湾地区的学者先后来实验室合作研究，并取得了大量突出成果。一流实验研究平台的建立，不仅为国内外地球科学家提供了高水平原位微区元素和同位素分析技术支撑，提升了我国固体地球科学研究的国际学术竞争力。

图 3.18 中外学者对华北克拉通进行了联合野外科学考察

照片居中站立者为 Crawford 奖得主、英国皇家学会院士 D. McKenzie；拍照地点：河北汉诺坝

第4章　展　望

克拉通破坏属于大陆演化研究范畴。大陆演化是地球科学的一个重要前沿领域，在许多方面无法用经典的板块构造理论解释。近年来，国内外设立了一系列重大研究计划探索大陆的形成和发展，试图建立新的大陆演化理论体系。中国大陆得天独厚的地质条件为中国地学界实现地学理论突破提供了难得的天然实验室。对中国大陆研究的长期积淀，使我国科学家具备了创建大陆演化新理论的雄厚基础。中国持续增强的经济实力和不断增加的科研投入也为我国科学家开展协同创新研究、发展板块构造、实现大陆演化新理论突破创造了良好的机遇。抓住这一难得机遇和实现理论突破，我国地球科学将会在大陆演化领域引领国际地学发展方向，使中国从地学大国成为地学强国。

本重大研究计划的实施，聚集了地球科学领域优秀科学家，围绕着明确的科学目标协同攻关，大幅度地提升了我国在地球科学领域的科研攻关能力，为中国成为国际地学强国作出了突出贡献。本重大研究计划的研究成果不仅对当前大陆演化研究产生了重要影响，而且它在我们展望未来时，有望在以下地球科学研究领域获得突破性研究进展。

4.1 特提斯地球动力系统

板块构造理论创立于20世纪60年代末（McKenzie and Parker，1967），随即成为地球科学各分支学科统一的理论框架，其重要性比肩相对论和量子力学之于物理学、DNA之于生命科学的意义，是20世纪的最重大科学发现之一。板块构造理论的核心是板块具有刚性特点，其运动规律符合欧拉定理。板块理论已诞生50年，但地学界仍一直在探索地球内部究竟如何运转。美国科学促进会还将其列为21世纪的十大科学问题之一（Stern，2004；Müller et al.，2016）。本重大研究计划实施的重要启示是，地球科学研究必须要有全球视野。从探索地球整体运转的视角，碰撞造山带是地球上与克拉通同等重要的另一类构造单元；其中特提斯造山带是不同时代特提斯洋在消亡过程中逐步形成的弧陆碰撞造山带，是探索地球内部动力过程的天然实验室。特提斯构造域完整保存有从大陆裂解（红海—东非裂谷）、洋—洋俯冲（汤加海沟）、洋—陆俯冲（苏门答腊）、弧—陆碰撞（澳北）、大陆碰撞（伊朗扎格罗斯）和大陆深俯冲（阿尔卑斯）等板块间相互运动的不同过程的地质记录（Şengör，1990）（图4.1）。特提斯构造域还包含了经典板块构造理论尚不能解释的许多重要地质现象，比如陆内变形与高原隆起（青藏高原）（Royden et al.，2008）、大陆碰撞的成矿作用（Hou and Zhang，2015）、蛇绿岩型金刚石（Yang et al.，2014）等。在联合国教科文组织和国际地科联设立的以地球动力学为主题的9个国际对比计划中，有7个主题与特提斯动力演化密切相关。

特提斯构造域演化的首要特征是特提斯洋以南的陆块持续向北漂移和汇聚（Stampfli et al.，2013）（图4.2）。例如，南半球的冈瓦纳大陆与北半球的劳亚大陆在约三亿年前发生汇聚，形成潘基亚超大陆，中部形成向东开口的古特提斯洋。随后，冈瓦纳大陆北缘裂解出基梅里大陆，在其南侧产生新特提斯洋。基梅里大陆在2亿年前向北拼贴到劳亚大陆南侧，导

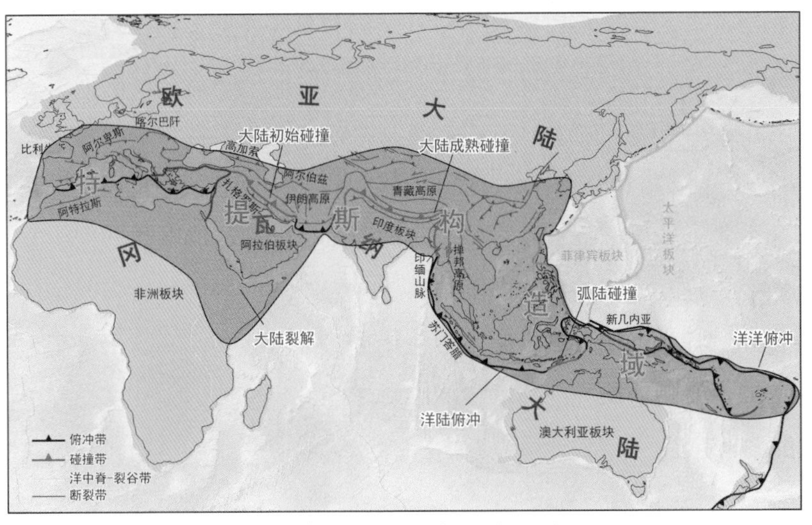

图 4.1 特提斯构造域构造纲要图

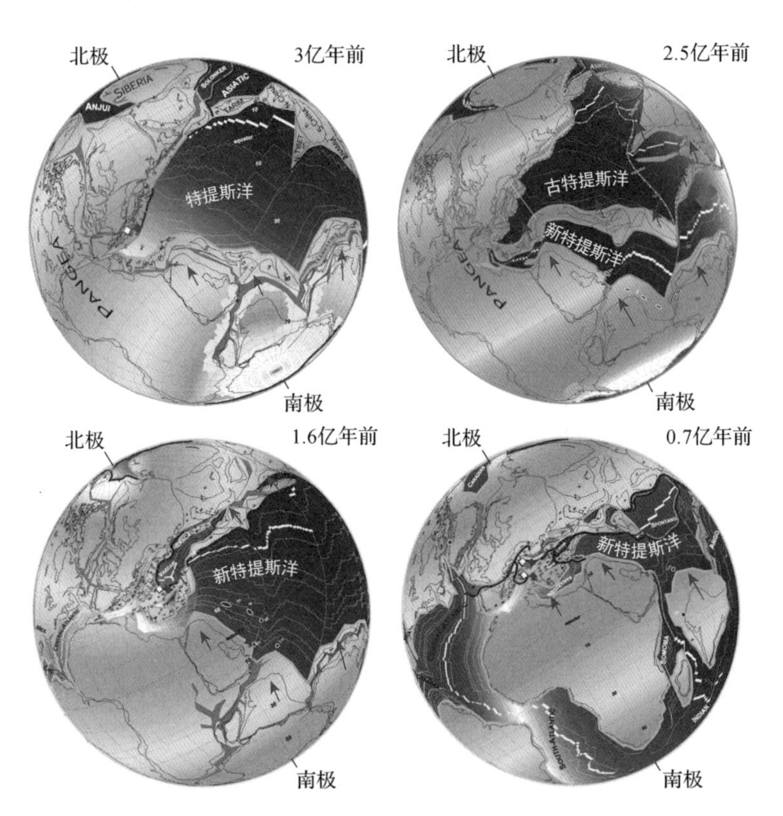

图 4.2 特提斯洋演化及陆块单向聚合示意

致古特提斯洋闭合。潘基亚超大陆在 1.5 亿年前开始裂解，形成一系列向北飘移的陆块，如非洲板块、阿拉伯板块、印度板块、澳大利亚板块。这些分离的板块在 0.5 亿年前与欧亚大陆碰撞，关闭了新特提斯洋并形成了阿尔卑斯—喀尔巴阡造山带、土耳其—伊朗高原和青藏高原（Stampfli et al.，2013）。目前不解的问题是：为什么特提斯构造域中众多性质不同陆块都要向北与欧亚大陆发生单向聚合？或者说是怎样的深部动力学机制将南半球大陆逐步撕裂，然后驱动裂解块体拼贴到欧亚大陆南缘？这些问题实质上涉及板块构造驱动力这一根本科学问题。经典的板块构造理论仍不能诠释特提斯构造域的许多现象，因此，需要发展新的地学理论来合理解释一些全球构造问题。

特提斯构造域是世界三大成矿域之一，即特提斯成矿域（Richards，2015）（图 4.3）。特提斯构造域虽经历了漫长的大洋板块俯冲与大规模岩浆作用，但与之相伴的矿床却十分稀少。特提斯构造域最重要的斑岩型矿床基本都形成于大陆碰撞之后。那么，是什么样的地球动力学过程造成特提斯域具有如此独特的成矿效应呢？这是全球矿床学界极为关注的重大理论问题。特提斯构造域也是目前世界上最重要的油气资源聚集区，油气剩余可采储量约占全球总量的 70.6%（Sadooni and Alsharhan，2004）。然而，特提斯构造域的油气资源分布极不均匀，绝大部分集中于波斯湾地区。为什么相似的构造背景和相似的古海洋环境下油气资源分布却如此不均衡？为什么阿拉伯板块被动陆缘可形成一系列褶皱变形，而印度板块北缘的被动陆缘却发育高耸的喜马拉雅山脉？对特提斯构造域沉积盆地的动力过程进行详细解剖是理解“特提斯油气之谜”的重要途径。

特提斯构造域的演化是岩石圈浅部和深部过程共同作用的结果，它们深刻地影响了地球的表生系统，并最终奠定了现代地球的环境格局（Jagoutz et al.，2016）。特提斯洋的消亡导致了低纬度地区海道关闭，同时伴随中、高纬度地区海道开通和洋盆扩张，全球海盆容积增加以及陆地面积扩大。

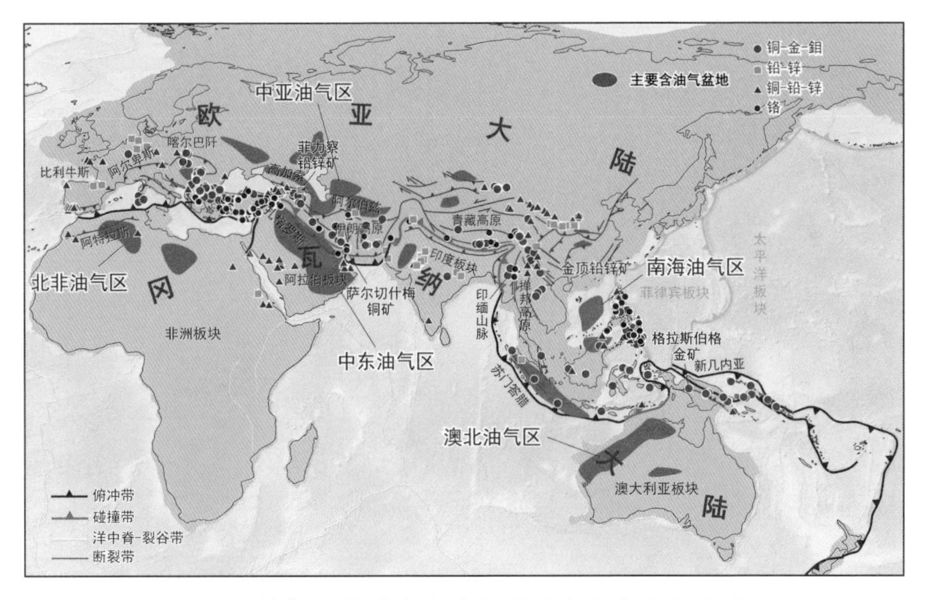

图 4.3 特提斯构造域主要金属矿产和含油气盆地

上述过程使得白垩纪温室地球由盐度主导的洋流系统逐渐让位于现代受地球热力差异驱动的大洋环流系统。新特提斯洋闭合和大陆碰撞导致青藏高原隆升，影响了全球大气环流与大洋环流，增强了高纬度和低纬度地区热量交换的效率，导致“温室地球”向“冰室地球”转变。然而，特提斯演化对全球重大事件的具体影响方式和机理仍是未解决的重大科学问题。

简而言之，特提斯地球动力系统旨在研究地球历史上曾经存在于北部劳亚大陆和南部冈瓦纳大陆之间已经消失的特提斯大洋的开启与闭合过程及其相关的资源能源和环境效应。对特提斯造山带的深入研究，是中国地球科学家走向世界的桥梁。特提斯构造域与国家“一带一路”涵盖区高度重合，是地球科学研究内涵最集中和能源资源最丰富的地域。通过对特提斯构造域的综合研究，可更好地服务于国家资源能源战略需求和经济社会发展目标，显著提升我国以及域内国家在基础地质、资源能源效应等方面的科技实力，有助于提高人民生活水平，扩大我国在域内国家的科技文化影响力。

4.2 西太平洋地球系统多圈层相互作用

地球系统科学将地球各个圈层作为统一的整体，以地球外部大气圈、水圈、生物圈和地球内部地壳、地幔、地核等各子系统之间相互作用为主线，研究地球各种过程的规律和控制机理。然而，地球系统科学提出30余年来，在多圈层相互作用研究方面始终没有取得实质性突破。学科领域划分过细造成学科间交流不足，典型实例便是海洋科学与固体地球科学之间交叉融合不足，缺乏从地球动力系统的角度来开展跨圈层研究，很难在地球科学理论上取得重大突破。随着科技投入的增大、科研条件的改善和对外合作交流的加强，近年来我国海洋与地球科学研究处于由量变到质变的转折期，正在奋力追赶国际前沿水平。即将实施的“西太平洋地球系统多圈层相互作用”研究将有助于融合海洋科学与固体地球科学，聚焦跨海盆、跨尺度、跨圈层物质与能量交换研究，从而促进海洋科学与地球系统科学研究取得重大原创性成果。西太平洋发育完整的沟弧盆体系，是探索和揭示地球多圈层相互作用，特别是流体与固体相互作用的极佳选区。

4.2.1 海洋与固体地球科学交叉融合的切入点

海陆板块汇聚的沟弧盆体系是海洋科学与固体地球科学交叉融合研究的切入点。本重大研究计划揭示了晚中生代西太平洋板块俯冲是华北克拉通破坏的驱动力，但对于古太平洋板块俯冲过程与上覆大陆岩石圈之间的相互作用机理的探究不足，亟待开展深入的专门研究。

华北克拉通破坏与西太平洋板块俯冲过程直接相关是地学界的重要共识。然而，西太平洋板块何时开始向东亚大陆俯冲、早白垩世西太平洋俯冲带在何处、东亚大地幔楔何时形成、晚中生代西太平洋俯冲板块如何演化等重要科学问题一直没有得到很好的解决。已有构造模型认为，西太平洋板块向西俯冲和向东回撤导致了华北克拉通岩石圈发生强烈伸展和减薄，而俯冲板片在地幔过渡带的滞留和脱水则引发了上地幔发生部分熔融和地壳大规模岩浆活动。另外，东亚大陆之下大洋板块的俯冲和在地幔过渡带滞留的痕迹是新生代西太平洋板块俯冲的结果，而非中生代古太平洋板块俯冲过程的记录。基于地质与古生物研究发现，东亚边缘海岸山脉在晚白垩世的海拔高度为3500~4000 m，从海岸向内陆延伸大约500 km（Chen，2000）。类比于现今东太平洋俯冲带的情况，我们认为白垩纪西太平洋俯冲带位于东亚大陆边缘，比现今西太平洋板块俯冲带更靠西。目前对西太平洋板块俯冲历史的恢复主要建立在对华北克拉通岩石和地球化学分析、地壳变形研究和全球板块运动数值模拟等基础之上（Müller et al.，2008；Seton et al.，2012；郑永飞等，2018；郑建平和戴宏坤，2018），建立起的各种板块俯冲模型实际上并没有真正揭示西太平洋板块详细的俯冲历史。对一些基本问题我们依然了解甚少，如古西太平洋板块的起源、俯冲开始的时间、俯冲方向的转变、俯冲角度和俯冲速率的变化，以及是否存在洋中脊俯冲等。因此，西太平洋板块俯冲历史的重建将是中国地球科学面临的一个极具挑战性的研究领域。要在该研究领域取得突破性进展显然不能仅仅根据东亚大陆地质、地球化学和地球物理资料来进行反演，而应对西太平洋板块开展各种大洋探测和地质历史分析。探测数据的直接获取和关键证据的不断积累将为重建西太平洋板块俯冲历史奠定坚实的科学基础。

西太平洋向东亚大陆边缘俯冲的开始时代推测为早侏罗世，俯冲带位于东亚大陆边缘。西太平洋俯冲板块何时在地幔过渡带滞留以及东亚大地幔楔的历史与华北克拉通破坏和陆地生物演化是未来地球科学的前沿之一。大地幔楔系统与靠近海沟的小地幔楔有很大的不同。由于与海沟的距离达上千千米，大地幔楔涉及的区域一般认为是板内环境。大地幔楔、地幔过渡带中的滞留俯冲板块和下地幔一起构成了一个独特的“三明治”式的地幔结构。俯冲板块在地幔过渡带开始滞留的时间与俯冲带后撤开始的时间大致相同（徐义刚等，2018）。根据东亚大陆边缘晚中生代岩浆岩时空迁移规律，推测东亚大地幔楔可能在早白垩世就已形成，西太平洋板块俯冲作用对华北克拉通的影响可能是通过大地幔楔系统中物质和能量的迁移和交换来实现的。东亚大陆边缘深部的大地幔楔不仅对华北克拉通破坏产生了重要影响，同时也控制了这一地区板内玄武岩浆的形成。东亚大地幔楔的详细演化过程及其对深部碳循环、地球气候系统、陆地生物演化等重大事件有何影响，也将成为地球系统科学的一个前沿问题。

4.2.2 西太平洋是研究海洋系统的窗口

西太平洋海洋系统是一个独具特色的复杂海区，拥有全球最大的海洋暖池——西太平洋暖池、强劲的西边界流——黑潮、活跃的中尺度涡漩和小尺度内波等多尺度运动，也是台风和全球主要气候模态厄尔尼诺—南方涛动（ENSO）和太平洋年代际振荡（PDO）的核心区。西太平洋发育多种沟弧盆体系以及复杂的洋陆格局和海底地形（图4.4），它们对洋—洋交换、洋—陆交换、海—气交换、海洋上层—深层交换等海洋动力过程具有重要的调控作用；西太平洋板块俯冲导致大规模岩浆和流体活动，对海洋与深部物质循环和能量交换可产生重要影响。通过多学科交叉，深入系统地研究西太平洋板块运动对复杂洋陆格局下海水动力过程及海气相互作用的影响、西太平洋与欧亚和印澳大陆的俯冲拼接转换、跨圈层的物质能量循环等，将催生地球系统科学新理论和带动当代地球系统科学的发展。另外，西太平洋是海洋动力过程最复杂、海洋—气象/地质地震灾害频发、海底矿产资源和油气资源十分丰富的海域。开展西太平洋多学科系统综合研究，揭示海洋多尺度动力过程及大陆边缘聚合—裂解动力过程，认识多圈层物质能量交换、传输过程与机理，了解西太平洋海底矿产资源成矿成藏机制和阐明海洋环境与气候多尺度变化规律，可为国家海洋安全和防灾减灾提供重要的科技支撑。

图 4.4 西太平洋和欧亚大陆东部复杂的洋陆格局

4.2.3 洋陆格局 / 海底地形演变与海洋动力过程

板块运动会造成海底地形和洋陆格局的重大变迁，对海洋动力过程具有重要调控作用。例如，海峡的开闭、岛屿的生消可能导致局部乃至整个洋盆环流系统的显著调整（Jian et al.，2006；Ito and Horikawa，2000；Vallis，2006）；海底地形的变化会对海洋的能量串级和垂向混合过程造成明显的影响（MacKinnon et al.，2017）。因此，准确认知洋陆格局和海底地形特征、控制因子以及对海洋动力过程的调控机理，是理解古气候系统变迁和预测未来气候变化的重要前提。这一研究在国际上刚刚起步，中国科学家应该重视和积极参与该前沿研究。

欧美科学家通过长期的海洋观测和地质研究，相继发现大洋中脊、转换断层、俯冲带、海底磁异常条带等重要现象，进而提出了板块构造理论（McKenzie and Parker，1967；Le Pichon，1968；Morgan，1968）。然而，经典板块构造理论仍未解决两个关键问题：①板块运动的驱动力和板块俯冲机制。尽管学术界普遍认为板块运动受控于地球深部过程，但地球内部如何作用以驱动板块运动仍不清楚。国际著名学术期刊 *Science* 在其创刊 125 周年时提出的 125 个科学问题中，有关地球科学的第一个问题正是"地球内部是如何运行的"。②板块俯冲如何启动。板块俯冲起始机制的模型主要主动俯冲和被动俯冲。主动俯冲模型认为，板块之间的密度差导致密度大的板块下沉，插入到密度小的板块之下，从而开始俯冲（Arculus et al.，2015；Niu et al.，2003）。被动俯冲模型则认为在水平挤压或者压扭外力的作用下，板块薄弱地带发生拗曲、折断、下插，从而开始俯冲（Sutherland et al.，201；Guilmette et al.，2018）。由于板块俯冲起始本身的复杂性，迄今未有统一认识，因此制约了板块构造理论的发展。

解决上述两大问题的关键是要了解地球深部流体。深部流体是地球的血液，是了解地球内部运行规律的关键。海水通过海底蚀变、沉积过程、热液活动等影响着大洋板块的物理性质和化学成分。板块俯冲将地表流体带到地球深部，影响着岩浆活动、板块运动乃至整个地球演化。进入地球内部的水诱发部分熔融，导致软流圈的形成，为板块运动提供了基础。因此，深部流体活动的机制，如水循环和碳循环等，是理解地球内部运行规律的核心。西太平洋俯冲带有完整的沟弧盆体系和不同时代、不同类型的俯冲带，是研究板块俯冲起始机制、完善板块构造理论的理想选区。西太平洋一直是全世界地球科学家关注的一个焦点，是催生地球科学新理论、新思想的最佳天然实验室。

4.3 深地科学

地球科学发展不断认识到地球深部过程是地球系统运行的主要源动

力，不仅控制了深部层圈间相互作用，而且制约了表层系统的演变。要追溯与人类生存息息相关的成山、成盆、成矿、成藏、成灾的内在起因和动力学，必须精细揭示地球深部结构，研究深部物理—化学作用和地质过程，由此产生的“深地科学”必将显现其新的生命力。“深地科学”聚焦地球能量转换、物质循环及其动力学，涉及地球深部物理结构及状态、深部物质（化学）组成及分布以及深部界面行为和转换等。“深地科学”主要涉及以下三个领域。

4.3.1 地球深部物理结构和主要边界层性质

地球深部突出特征是结构的分层性，这是地球与其他行星的最明显的差别。地球自上而下分别出现地壳底部的莫霍面、岩石圈内部的不连续面（MLD）、岩石圈—软流圈界面（LAB）、地幔过渡带（MTZ）和核—幔边界（CMB）。这些界面的形成与矿物相变、化学组成变化及构造作用紧密相关，界面处地幔结构和物质组成的显著变化不仅会阻碍或促进板块俯冲、地幔柱上涌等深部过程，甚至可改变地幔对流模式和深刻影响岩石圈的稳定性及构造演化。因此，深入开展对地球深部结构的研究，特别是重要界面的形态学和物理化学性质，具有极重要的地球动力学意义。

岩石圈内部的不连续面是指大陆岩石圈内部约 100 km 处普遍存在的一个地震波速随深度明显下降的界面。该界面反映大陆岩石圈地幔内部具有垂向不均一性。目前仍不清楚 MLD 是如何形成的以及它的产生是否与克拉通破坏过程相关。

岩石圈—软流圈界面是刚性岩石圈的底界面，其下软流圈因富含熔体而可以循环流动。新西兰北岛的地震反射剖面揭示 LAB 为一个约 10 km 厚的低速异常带，可能富含部分熔融和流体。该低黏滞弱剪切区域使上覆岩石圈和下伏地幔流解耦（Stern et al., 2015），促使板块运动发生（图 4.5）。

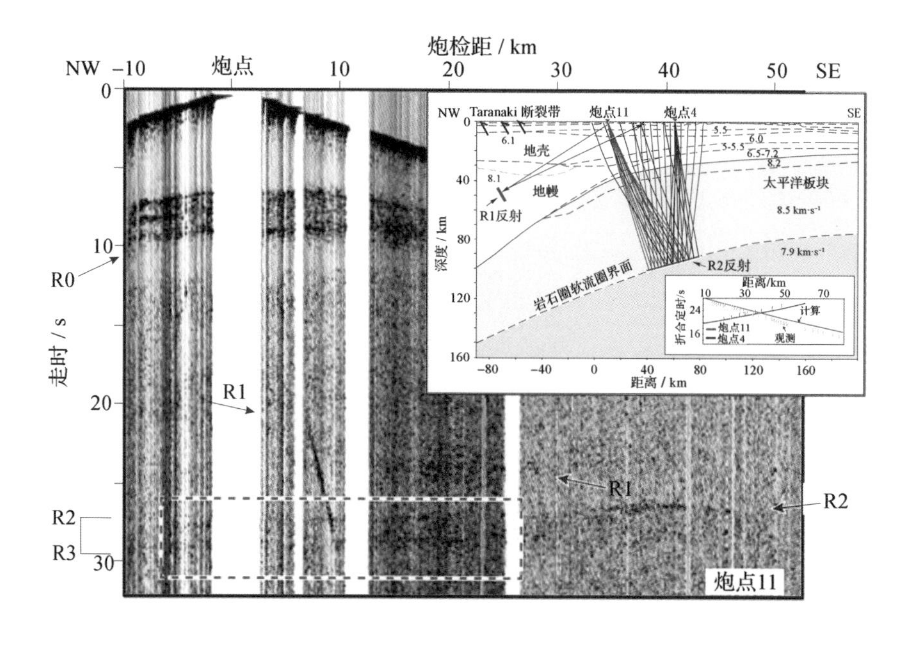

（a）

（b）

图 4.5 新西兰北岛地震反射剖面。（a）LAB 处为一个约 10 km 的低速异常；（b）斜体降低（8±2）%（Stern et al.，2015）

地幔过渡带是联系上、下地幔物质和能量传输的重要纽带，是地球内部最主要的储水层，也是地幔矿物发生相变的重要区域。MTZ 对板块俯冲和地幔柱上涌的速率、形态和样式都有显著影响。MTZ 的下界面是决定俯冲板片停滞在 MTZ 还是直接下插进入下地幔的重要因素，因此直接关系到地幔对流尺度和深部地球化学储库的形成。MTZ 中的滞留俯冲板片表现出多种形态，如东亚陆缘下 MTZ 中滞留板片的规模可达上千千米，形成了东亚特有的大地幔楔结构，明显区别于小地幔楔结构。在西南太平洋以及南美的秘鲁地区，俯冲板片却直接下插到下地幔，滞留在约 1000 km 深度。中美洲俯冲板片甚至直接下沉到核—幔边界区域。俯冲板片形态和俯冲样式的差异性、MTZ 中板片大规模滞留的原因，与地幔流变性质、矿物相变、板块运动热参数以及海沟运动之间的关系一直是板块俯冲动力学研究的热点问题。另外，MTZ 中水的含量和分布涉及地球深部水的保存和循环。而 MTZ 间断面深度分布和结构特征以及 MTZ 内部结构和物理化学性质则是约束上述问题的关键。

CMB 是硅质地幔和铁质地核的物质分界面，也可能是地幔对流过程中板片下沉的最终归宿区和地幔热柱上涌的起点，同时又是地核和地幔能量（和物质）交换的重要场所。CMB 主要结构包括大尺度低速体、地幔柱、超低速带层等。由于地幔底部结构非常复杂，目前对这些异常体的具体几何形态、空间分布及物理参数的了解有限，造成了对这些异常体的矿物组成和动力学过程的认识存在较大的争议。主要科学问题包括：核幔边界超低速区的物理特性及空间分布是由于化学成分不同，还是部分熔融形成？其空间分布和结构特征对地幔柱的形成有什么作用？超低波速区的成因是什么？地幔柱是否由轻物质聚集产生？俯冲板块如何到达下地幔或核幔边界？上述科学问题对于区分识别地幔对流规模、了解地球内部化学不均匀性、理解地球形成过程以及地球演化的过程等具有重要意义。

4.3.2 地球深部物质组成及分布

地球深部物质组成及分布涉及地球深部地球化学储库以及高温高压下矿物的组成、结构、相变和物理化学性质的研究，它们对地球内部结构和地幔对流、板块俯冲、地幔柱、地震、岩浆活动和地磁场等起着重要作用和影响。深源样品的分析、理论计算和高温高压实验模拟是探索地球内部运行机制的三大手段，相互验证是引领这一领域的关键。

马里亚纳海沟是地球上最典型的洋内岛弧带，它分隔了两大地幔对流系统和深部储库。其东侧为太平洋型地幔域，西侧为印度洋型地幔域。太平洋俯冲板块平躺在地幔过渡带中，导致上、下地幔分层对流。MTZ 之上为大地幔楔，为巨大的碳库和水库，含有大量的再循环物质（Li et al.，2017；Xu et al.，2018）。H、C、S、N 和惰性气体元素等挥发份在地球内部的迁移是联系许多深部地质过程的重要纽带，为深入认识板块运动和地幔柱活动提供了关键线索。挥发份可促进地幔熔融和对流，控制水圈、大气圈和生物圈的形成和演化。学术界虽对地球内部挥发份开展了大量研究，但仍有很多重要问题没有得到根本解决，如 C、S、N 在地球内部的分布状况和迁移机制、壳幔相互作用过程中的挥发份演化基本规律、挥发份对地球内部相变和赋存物相物理性质的效应等。

布里基曼石和铁方镁石是下地幔的主要矿物，其中镁硅酸盐钙钛矿约占下地幔 75%、钙硅酸盐钙钛矿约占 5%。因此，研究下地幔硅酸盐钙钛矿的各种物理化学性质及其可能变化，是理解下地幔各种地质现象和过程的基础和前提。根据硅酸盐钙钛矿结构畸变或相变与类质同象替代元素相关性，可揭示这些替代元素在高压下的物理化学性质和行为，是探讨下地幔元素分配分异行为、地幔化学不均一性等重要地质现象和地质过程的有效途径。对陨石坑中冲击变质矿物的研究发现，在不存在铁金属或硫化物等还原剂的条件下，下地幔高温高压环境中的二价铁可以将碳酸盐或 CO_2

直接还原成金刚石（Chen et al.，2018）。如果上述观点正确的话，可以推测下地幔富含三价铁。

最近的理论和实验研究显示，在高压高温的下地幔条件下，可以通过压力诱导的针铁矿 (FeO_2H) 分解和释放游离氢来产生高度氧化态 FeO_2 (Hu et al.，2016)。这一反应的推广表明，在铁或铁氧化物存在的情况下，1800 km 深处的下地幔水循环变成了水降氢化循环 (Hu et al.，2017)。如果俯冲板块不断向地核中铁储层供水，地核—地幔边界就会释放出氢气，从而成为巨大的氢气发生器，或称为碳氢化合物和其他生化成分来源。在上述过程中，氧将被留下来形成 FeO_2 (Mao et al.，2017)，在 CMB 中以富氧斑块的形式积聚（图 4.6）。

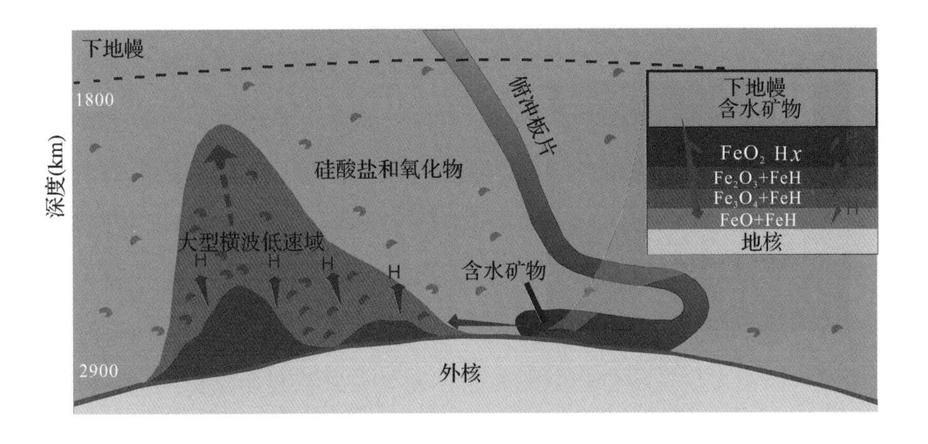

图 4.6 核幔边界成为巨大的氢气发生器和氧气罐（Mao et al.，2017）

4.3.3 地球层圈相互作用与物质循环及动力学

板块构造和地幔柱是地球深部物质运动和层圈相互作用的主要结果。前者涉及板块的水平运动和地壳物质经俯冲进入地球内部；后者则强调源自核幔边界的物质能量的垂直向上输送。全球板块构造的启动可能是由地幔柱诱发的。地幔柱和板块构造理论共同构成了全球构造理论的重要内容。

板块汇聚边缘的俯冲系统是地球浅表与深部物质和能量交换最为活跃的场所。目前对板块俯冲如何开始、俯冲过程如何促使大陆地壳的形成与分异这两大基本命题认识不足。获取板块俯冲起始过程中地幔熔融条件和源区组成特征将有助于理解洋—洋板块俯冲的发生机制。了解大洋板块俯冲过程中热—物质循环、俯冲带熔 / 流体的性质及其岩浆成分和时空分布是认识岛弧岩浆不均一性的关键。

随着地质时间的推移，亚稳富氧斑块在 CMB 附近可持续积累，最终达到 CMB 大质量氧爆发的临界点。在地球漫长的历史长河中，氧爆发直接影响全球环境、生物演化、地球动力等重大过程。氧的激增是对大氧化事件 (GOE)、五次物种大灭绝和“雪球”地球的一种新解释。氧的爆发增加了化学驱动力，扰乱了稳态热驱动的地幔对流，导致超级地幔柱和超级大陆的形成和裂解。氢、氧和相关的挥发性成分的增加也可降低地幔岩石的熔点，导致大规模部分熔融的发生，形成大火成岩省和溢流玄武岩，并可能引发灾难性环境变化 (Liu et al.，2017；Mao et al.，2017)。

4.4 地球内部运行对生物演化的控制——克拉通破坏与陆地生物演化

大陆构造与陆地生物是中国固体地球科学领域在国际上最有影响力

的分支学科，中国科学家在这两个领域都分别取得了一系列重大研究成果(朱日祥等，2011；Zhou，2014)。在本重大研究计划支持下，相关研究团队提出并逐步完善了“克拉通破坏”新理论，丰富和发展了板块构造(Zhu et al.，2017)，提出了“克拉通破坏型金矿”新的矿产类型(朱日祥等，2015)，为资源战略接替提供了科学依据。在陆地生物演化领域，中国科学家完善了鸟类“恐龙起源”的假说，为鸟类飞行的树栖起源假说提供了关键证据，提出了东亚地区早白垩世是若干生物类群起源中心而非“避难所”的新观点。然而，目前仍缺乏较为完善的理论框架来解释大陆构造与陆地生物在演化过程中的内在关联。华北克拉通破坏和燕辽、热河生物群是两个具重大科学意义的研究领域，它们的相互结合将有助于深入了解大陆构造对陆地生物的控制机制，揭示地表生物圈与深部岩石圈在演化过程中内在关联。

地球系统包括地球内部、岩石圈、生物圈、水圈和大气圈，这些圈层彼此关联、相互影响。要全面深入了解地球系统各部分的耦合机制，需要整合不同圈层和不同学科的资料，研究地球的整体行为，并建立完整的地球系统演化理论。然而，从实践角度来看，一个完整的地球系统科学的建立存在诸多困难，主要表现在不同分支学科之间相互封闭，难以找到不同学科间深度融合的切入点。这些因素导致已有的地球系统科学研究尝试比较零散。美国国家基金委 2009 年推荐了 21 世纪地球科学领域的十大前沿（GEOVision，NSF，2009），但这些前缘领域仍主要是针对地球学科个别分支的研究，甚至仅局限于单学科方向研究。因此，如何建立完善的地球系统科学理论是一个挑战性极强的重大问题。

在生物演化研究领域，环境通常作为“背景因素”来探讨生命演化过程。然而，越来越多的证据显示，生物演化也同时在改造环境，或者说环境实际上是生物演化的一部分。生命演化不是简单地适应环境，而是与环境协同发展，并且生命与环境的协同演化同时受地球深部过程的控制（图 4.7）。

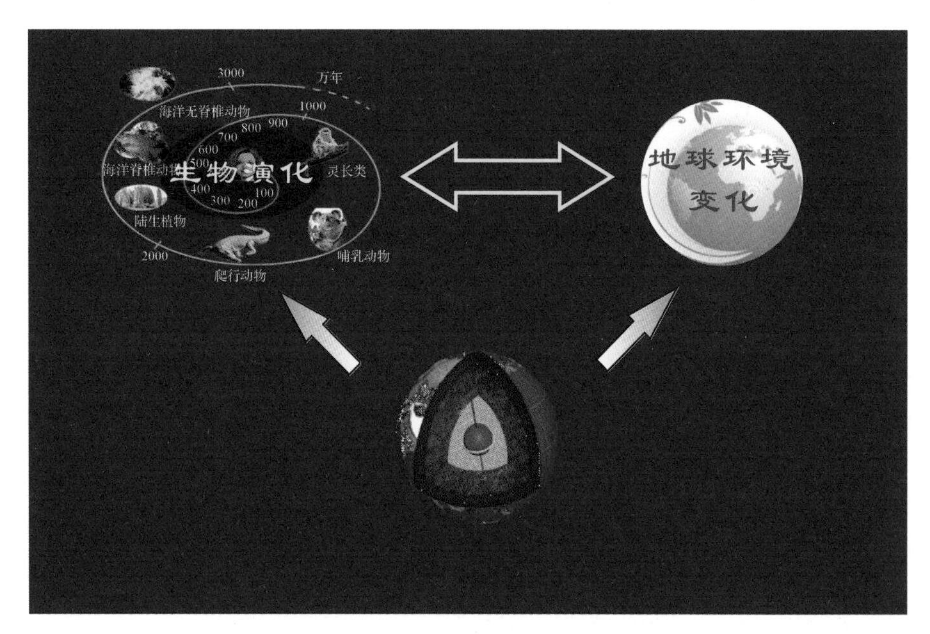

图 4.7 地球深部过程对地表系统的控制

华北克拉通自中生代开始逐渐丧失原有的稳定性，到早白垩世达到了破坏的峰期（朱日祥等，2012）。地质记录显示华北克拉通在侏罗纪—早白垩世经历了三次强烈的造山事件，即燕山运动 A、B 和 C 幕（图 4.8）。短期强烈挤压构造运动造成华北克拉通大地壳大面积抬升和形成三个区域不整合面。挤压造山作用后，华北克拉通开始大规模火山爆发和发生地壳伸展，形成广泛分布的火山—沉积盆地。燕辽、热河生物群的发育和消亡在时间和空间上与华北克拉通破坏过程中两次重大的构造—岩浆活动事件恰好吻合：分别发育于晚侏罗世（165~155 Ma）与早白垩世的燕辽、热河生物群（130~120 Ma）与火山—沉积盆地的发生时代一致；两个生物群消亡的时代与燕山运动 B 和 C 幕挤压构造作用的时间基本同期（图 4.8）。这种时空上的一致性表明华北克拉通破坏与燕辽、热河生物群的演化一定存在内在联系。克拉通破坏的深部过程引发了火山活动、地壳伸展、众多山间盆地的形成以及环境变化等，这些综合因素可能是陆地生物多样性以

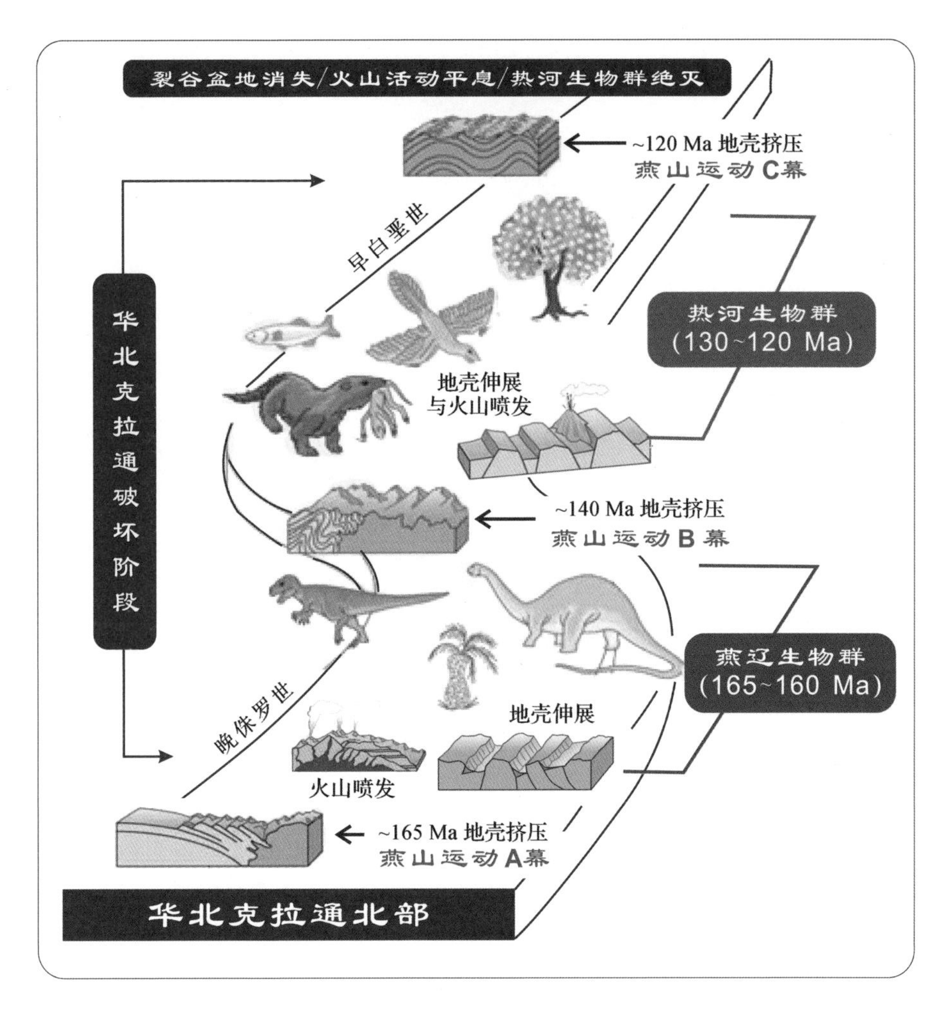

图 4.8 陆地生物演化与地表系统变迁的耦合

及新物种产生的关键因素。燕辽、热河生物群的时空分布同时也为了解华北克拉通破坏的时空差异等提供了重要信息。对华北克拉通破坏和燕辽、热河生物群的综合研究有望建立一个关于大陆构造与陆地生物协同演化的新理论。

4.5 结 语

本重大研究计划的实施，提升了中国地球科学家的国际视野，把一批优秀科学家的目光引向全球地球科学前沿。不同领域科学家的目光从克拉通破坏延伸到大陆构造与陆地生物演化相关性探索，从稳定大陆演化拓展到全球构造，从大陆走向海洋，从对典型构造域深部结构探测拓展到“深地科学”，研究地球整体运行机制。本章的内容就是集成了“特提斯动力系统”“西太平洋地球系统多圈层相互作用”“深地探测”“克拉通破坏与陆地生物演化”等国家自然科学基金委重大研究计划和国家重大专项以及基金委研究中心项目参与专家的知识和见解，可以说是中国地球科学家集体的智慧，在此对所有作出贡献的同仁表示感谢！

参考文献

[1] Arculus R J, et al. 2015. A record of spontaneous subduction initiation in the Izu-Bonin-Mariana arc. Nature Geoscience, 8(9):728-733.

[2] Chen M, Shu J F, Xie X D, Tan D Y, Mao H K. 2018. Natural diamond formation by self-redox of ferromagnesian carbonate. Proc Natl Acad, Sci, USA. doi/10.1073/pnas.1720619115.

[3] Chen P J. 2000. Paleoenvironmental changes during the Cretaceous in eastern China. In: Hakuyu O, Nlall J M (eds.), Developments in Palaeontology and Stratigraphy. Elsevier, pp. 81-90.

[4] GEOVision, NSF, 2009.

[5] Guilmette C, Smit M A, van Hinsbergen D J J, et al. 2018. Forced subduction initiation recorded in the sole and crust of the Semail Ophiolite of Oman. Nature Geoscience, 11:688-695.

[6] Hou Z Q, Zhang H R. 2015. Geodynamics and metallogeny of the eastern Tethyan metallogenic domain. Ore Geology Reviews, 70:346-384.

[7] Hu Q, et al. 2016. FeO_2 and FeOOH under deep lower mantle conditions and the Earth's oxygen-hydrogen cycles. Nature, 534:241-244.

[8] Hu Q, et al. 2017. Dehydrogenation of goethite in Earth's deep lower mantle. Proc Natl Acad, Sci, USA, 114:1498-1501.

[9] Ito M, Horikawa K. 2000. Millennial- to decadal-scale fluctuation in the paleo-Kuroshio Current documented in the Middle Pleistocene shelf succession on the Boso Peninsula. Sedimentary Geology, 137(1-2):1-8.

[10] Jagoutz O, Macdonald F A, Royden L. 2016. Low-latitude arc–continent collision as a driver for global cooling. Proc Natl Acad, Sci, USA, 113:4935-4940.

[11] Jian Z, Yu Y, Li B, Wang J, Zhang X, Zhou Z. 2006. Phased evolution of the south-

north hydrographic gradient in the South China Sea since the middle Miocene. Palaeogeography Palaeoclimatology Palaeoecology, 230:251-263.

[12] Le Pichon X. 1968. Sea-floor spreading and continental drift. Journal of Geophysical Research, 73:3661-3697.

[13] Li S G, Yang W, Ke S, Meng X N, Tian H C, Xu L J, He Y S, Huang J, Wang X C, Xia Q K, Sun W D, Yang X Y, Ren Z Y, Wei H Q, Liu Y S, Meng F C, Yan J. 2017. Deep carbon cycles constrained by a large-scale mantle Mg isotope anomaly in eastern China. Nat Sci Rev, 4:111-120.

[14] Liu J, et al. 2017. Hydrogen-bearing iron peroxide and the origin of ultralow-velocity zones. Nature, 551:494-497.

[15] MacKinnon A, Zhao Z X, Whalen C B. 2017. Climate process team on internal wave-driven ocean mixing. Bull. Amer. Meteor. Soc., 98:2429-2454.

[16] Mao H, et al. 2017. When water meets iron at Earth's core-mantle boundary. National Science Review, 4:870-878.

[17] McKenzie D P, Parker R L. 1967. The North Pacific: An example of tectonics on a sphere. Nature, 216:1276-1280.

[18] Morgan W J. 1968. Rises, trenches, great faults, and crustal blocks. J Geophys Res, 73(6):1959-1982, doi:10.1029/Jb073i006p01959.

[19] Müller R D, Sdrolias M, Gaina C, Steinberger B, Heine C. 2008. Long term sea-level fluctuations driven by ocean basin dynamics. Science, 319:1357-1362.

[20] Müller R D, Seton M, Zahirovic S, Williams S E, Matthews K J, Wright N M, Shephard G E, Maloney K T, Barnett-Moore N, Hosseinpour M, Bower D J, Cannon J. 2016. Ocean basin evolution and global-scale plate reorganization events since Pangea breakup. Annual Review of Earth and Planetary Sciences, 44:107-138.

[21] Niu Y L, O'Hara M J, Pearce J A. 2003. Initiation of subduction zones as a consequence of lateral compositional buoyancy contrast within the lithosphere: A petrological perspective. Journal of Petrology, 44(5):851-866.

[22] Richards J P. 2015. Tectonic, magmatic, and metallogenic evolution of the Tethyanorogen: From subduction to collision. Ore Geology Reviews, 70:323-345.

[23] Royden L H, Burchfiel B C, van der Hilst R D. 2008. The geological evolution of the Tibetan Plateau. Science, 321:1054-1058.

[24] Sadooni F N, Alsharhan A S. 2004. Stratigraphy, lithofacies distribution, and petroleum potential of the Triassic strata of the northern Arabian plate. AAPG Bulletin, 88:515-538.

[25] Şengör, A M C. 1990. Plate tectonics and orogenic research after 25 years: A Tethyan perspective. Earth-Sci. Rev., 27:1-201.

[26] Seton M, Müller R D, Zahirovic S, Gaina C, Torsvik T, Shephard G, Talsma A,

Gurnis M, Turner M, Maus S, Chandler M. 2012. Global continental and ocean basin reconstructions since 200 Ma. Earth-Sci Rev, 113:212-270.

[27] Stampfli G M, Hochard C, Vérard C, Wilhem C, von Raumer J. 2013. The formation of Pangea. Tectonophysics, 593:1-19.

[28] Sterm T A, et al. 2015. A seismic reflection image for the base of a tectonic plate. Nature, 518:85-88.

[29] Stern R J. 2004. Subduction initiation: Spontaneous and induced. Earth and Planetary Science Letters, 226:275-292.

[30] Sutherland R, et al. 2017. Widespread compression associated with Eocene Tonga-Kermadec subduction initiation. Geology, 45(4):355-358.

[31] Vallis G K. 2006. Atmospheric and Oceanic Fluid Dynamics: Fundamentals and Large-scale Circulation. Cambridge University Press.

[32] Xu Y G, Li H Y, Hong L B, et al. 2018. Generation of Cenozoic intraplate basalts in the big mantle wedge under eastern Asia. Sci China Earth Sci, 61(7):869-888.

[33] Yang J S, Robinson P T, Dilek Y. 2014. Diamonds in ophiolites. Elements, 10:127-130.

[34] Zhou Z. 2014. The Jehol Biota, an Early Cretaceous terrestrial Lagerstätte: New discoveries and implications. National Science Review, 1(4):543-559. doi:10.1093/nsr/nwu055.

[35] Zhu R X, Zhang H F, Zhu G, Meng Q R, Fan H R, Yang J H, Wu F Y, Zhang Z Y, Zheng T Y. 2017. Craton destruction and related resources. International Journal of Earth Science, 106:2233-2257.

[36] 徐义刚，李洪颜，洪路兵，马亮，马强，孙明道. 2018. 东亚大地幔楔与中国东部新生代板内玄武岩成因. 中国科学：地球科学，48(7):825-843.
(Xu Y G, Li H Y, Hong L B, et al. 2018. Generation of Cenozoic intraplate basalts in the big mantle wedge under eastern Asia. Science China-Earth Sciences, 61(7):869-886. doi:10.1007/s11430-017-9192-y.)

[37] 郑建平，戴宏坤. 2018. 西太平洋板片俯冲与后撤引起华北东部地幔置换并导致陆内盆—山耦合. 中国科学：地球科学，48:436-456.

[38] 郑永飞，徐峥，赵子福，戴立群. 2018. 华北中生代镁铁质岩浆作用与克拉通减薄和破坏. 中国科学：地球科学，48:379-414.

[39] 朱日祥，陈凌，吴福元，刘俊来. 2011. 华北克拉通破坏的时间、范围与机制. 中国科学：地球科学，41:583-592.

[40] 朱日祥，徐义刚，朱光，张宏福，夏群科，郑天愉. 2012. 华北克拉通破坏. 中国科学：地球科学，42:1135-1159.

[41] 朱日祥，范宏瑞，李建威，孟庆任，李胜荣，曾庆栋. 2015. 克拉通破坏型金矿床. 中国科学：地球科学，45:1153-1168.

代表性学术论文

(按发表时间排序)

[1] 朱日祥,郑天愉. 2009. 华北克拉通破坏机制和古元古代板块构造体系. 科学通报, 54(14):1950-1961.

(Zhu R X, Zheng T Y. 2009. Destruction geodynamics of the North China Craton and its Paleoproterozoic plate tectonics. Chinese Sci Bull, 54(14):1950-1961, doi:10.1007/s11434-009-0451-5.)

[2] 朱日祥,陈凌,吴福元,刘俊来. 2011. 华北克拉通破坏的时间、范围与机制. 中国科学:地球科学, 41:583-592.

(Zhu R X, Chen L, Wu F Y, et al. 2011. Timing, scale and mechanism of the destruction of the North China Craton. Sci China Earth Sci, 54:789-797, doi:10.1007/s11430-011-4203-4.)

[3] 朱日祥,徐义刚,朱光,张宏福,夏群科,郑天愉. 2012. 华北克拉通破坏. 中国科学:地球科学, 42(8):1135-1159.

(Zhu R X, Xu Y G, Zhu G, et al. 2012. Destruction of the North China Craton. Sci China Earth Sci, doi:10.1007/s11430-012-4516-y.)

[4] 吴福元,徐义刚,朱日祥,等. 2014. 克拉通岩石圈减薄与破坏. 中国科学:地球科学, 44:2358-2372.

(Wu F Y, Xu Y G, Zhu R X, et al. 2014. Thinning and destruction of the cratonic lithosphere: A global perspective. Sci China Earth Sci, doi: 10.1007/s11430-014-4995-0.)

[5] 朱日祥,范宏瑞,李建威,孟庆任,李胜荣,曾庆栋, 2015. 克拉通破坏型金矿床. 中国科学:地球科学, 45:1153-1168.

（Zhu R X, Fan H R, Li J W, Meng Q R, Li S R, Zeng Q D. 2015. Decratonic gold deposits. Sci China Earth Sci, doi:10.1007/s11430-015-5139-x.）

[6] 段永红，王夫运，张先康，林吉焱，刘志，刘保峰，杨卓欣，郭文斌，魏运浩 . 2016. 华北克拉通中东部地壳三维速度结构模型 (HBCrust1.0). 中国科学：地球科学，46:845-856.

（Duan Y H, Wang F Y, Zhang X K, Lin T Y, Liu Z, Liu B F, Yang Z X, Guo W B, Wei H Y. 2016. Three-dimensional crustal velocity structure model of the middle-eastern North China Craton (HBCrust1.0), Sci China Earth Sci, 59:1477-1488, doi:10.1007/s11430-016-5301-0.）

[7] Chen L, Wang T, Zhao L, Zheng T Y. 2008. Distinct lateral variation of lithospheric thickness in the Northeastern North China Craton. Earth and Planetary Science Letters, 267:56-68.

[8] Gao S, Rudnick R L, Xu W L,Yuan H L, Liu Y S, Walker R J, Puchtel I S, Liu X M, Huang H, Wang X R, Yang J. 2008. Recycling deep cratonic lithosphere and generation of intraplate magmatism in the North China Craton. Earth and Planetary Science Letters, 270:41-53.

[9] Liu Y S, Gao S, Kelemen P B, Xu W L. 2008. Recycled lower continental crust controls contrasting source compositions of Mesozoic and Cenozoic basalts in eastern China. Geochimica et Cosmochimica Acta, 72:2349-2376.

[10] Zhang H F, Zhou X H, Sun M, Zheng J P. 2008. Evolution of subcontinental lithospheric mantle beneath eastern China: Re-Os isotopic evidence from mantle xenoliths in Paleozoic kimberlites and Mesozoic basalts. Contributions to Mineralogy and Petrology, 155:271-293.

[11] Zheng T Y, Zhao L, Xu W W, Zhu R X. 2008. Insight into the geodynamics of cratonic reactivation from seismic analysis of the crust-mantle boundary. Geophysical Research Letter, 35:L08303.

[12] Chen L, Cheng C, Wei Z G. 2009. Seismic evidence for significant lateral variations in lithospheric thickness beneath the central and western North China Craton. Earth and Planetary Science Letters, 286:171-183.

[13] Yang J, Gao S, Chen C, Yang Y Y, Yuan H L, Gong H J, Xie S W, Wang J Q, 2009. Episodic crustal growth of North China as revealed by U-Pb age and Hf isotopes of detrital zircons from modern rivers. Geochimica et Cosmochimica Acta, 73:2660-2673.

[14] Zhang H F, Goldstein S L, Zhou X H, Sun M, Cai Y. 2009. Comprehensive refertilization of lithospheric mantle beneath the North China Craton:Further Os-Sr-Nd isotopic constraints. Journal of the Geological Society, 166:249-259.

[15] Zhao L, Allen R M, Zheng T Y, Hung S H. 2009. Reactivation of an Archean Craton: Constraints from P- and S-wave tomography in North China. Geophysical Research

Letters, 36:L17306.
[16] Zheng T Y, Zhao L, Zhu R X. 2009. New evidence from seismic imaging for subduction during assembly of the North China Craton. Geology, 37:395-398.
[17] Xia Q K, Hao Y T, Li P, Deloule E, Coltorti M, Dallai L, Yang X Z, Feng M. 2010. Low water content of the Cenozoic lithospheric mantle beneath the eastern part of the North China Craton. Journal of Geophysical Research-Solid Earth, 115:1-22.
[18] Zhu G, Niu M L, Xie C L, Wang Y S. 2010. Sinistral to normal faulting along the Tan-Lu Fault Zone: Evidence for geodynamic switching of the East China continental margin. Journal of Geology, 118:277-293.
[19] Wang T, Zheng Y D, Zhang J J. 2011. Pattern and kinematic polarity of late Mesozoic extension in continental NE Asia: Perspectives from metamorphic core complexes. Tectonics, 30:1-27.
[20] Xiong X L, Keppler H, Audétat A, Ni H W, Sun W D, Li Y. 2011. Partitioning of Nb and Ta between rutile and felsic melt and the fractionation of Nb/Ta during partial melting of hydrous metabasalt. Geochimica et Cosmochimica Acta, 75:1673-1692.
[21] Zhang H F, Ying J F, Tang Y J, Li X H, Feng C A, Santosh M. 2011. Phanerozoic reactivation of the Archean North China Craton through episodic magmatism: Evidence from zircon U-Pb geochronology and Hf isotopes from the Liaodong Peninsula. Gondwana Research, 19:446-459.
[22] Li J W, Bi S J, Selby D, Chen L, Vasconcelos P, Thiede D, Zhou M F, Li Z K, Qiu H N. 2012. Giant Mesozoic gold provinces related to the destruction of the North China Craton. Earth and Planetary Science Letters, 349-350:26-37.
[23] Zhang B, Zhu G, Jiang D, Li C, Chen Y. 2012. Evolution of the Yiwulushan metamorphic core complex from distributed to localized deformation and its tectonic implications. Tectonics, 33:TC4018.
[24] Chen B, Suzuki K. 2013. Petrological and Nd-Sr-Os isotopic constraints on the origin of high-Mg adakitic rocks from the North China Craton: Tectonic implications. Geology, 41:91-94.
[25] Tang Y J, Zhang H F, Ying J F, Su B X. 2013. Widespread refertilization of cratonic and circum-cratonic lithospheric mantle. Earth-Science Reviews, 118:45-68.
[26] Xia Q K, Liu J, Liu S C, Kovacs I, Feng M D. 2013. High water content in Mesozoic primitive basalts of the North China Craton and implications for the destruction of cratonic mantle lithosphere. Earth and Planetary Science Letters, 361:85-97.
[27] Xiao Y, Teng F Z, Zhang H F, Yang W. 2013. Large magnesium isotope fractionation in peridotite xenoliths from eastern North China Craton: Product of melt-rock interaction. Geochimica et Cosmochimica Acta, 115:241-261.
[28] Zhao L, Zheng T Y, Lu G. 2013. Distinct upper mantle deformation of cratons in

response to subduction: Constraints from SKS wave splitting measurements in eastern China. Gondwana Research, 23:39-53.

[29] Chen L, Jiang M M, Yang J H, Wei Z G, Liu C Z, Ling Y. 2014. Presence of an intralithospheric discontinuity in the central and western North China Craton: Implications for destruction of the craton. Geology, 42(3):223-226.

[30] Wang C Y, Sandvol E, Zhu L, Lou H, Yao Z X, Luo X H. 2014. Lateral variation of crustal structure in the Ordos block and surrounding regions, North China, and its tectonic implications. Earth Planet Sci Lett, 387:198-211.

[31] Wang F, Wang Q C, Lin W, et al. 2014. 40Ar/39Ar geochronology of the North China and Yangtze Cratons: New constraints on Mesozoic cooling and cratonic destruction under East Asia. Journal of Geophysical Research (Solid Earth), 119:3700-3721.

[32] Zheng T Y, Duan Y H, Xu W W, Ai Y S. 2017. A seismic model for crustal structure in North China Craton. Earth and Planetary Physics, 1:26-34.

[33] Yang J F, Zhao L, Kaus B J P, Lu G, Wang K, Zhu R X. 2018. Slab-triggered wet upwellings produce large volumes of melt: Insights into the destruction of the North China Craton. Tectonophysics, doi:10.1016/j.tecto.2017.04.009.

索　引

（按拼音排序）

图书在版编目（CIP）数据

华北克拉通破坏 / 华北克拉通破坏项目组编. —杭州：浙江大学出版社，2020.1
ISBN 978-7-308-19113-5

Ⅰ.①华… Ⅱ.①华… Ⅲ.①克拉通—岩体破坏形态—研究—华北地区 Ⅳ.①P548.22

中国版本图书馆CIP数据核字（2019）第078800号
审图号：GS(2019)6201号

华北克拉通破坏

华北克拉通破坏项目组 编

丛书统筹 国家自然科学基金委员会科学传播中心
唐隆华 张志旻 齐昆鹏
策划编辑 徐有智 许佳颖
责任编辑 伍秀芳
责任校对 张凌静
封面设计 程 晨
出版发行 浙江大学出版社
（杭州市天目山路148号 邮政编码310007）
（网址：http://www.zjupress.com）
排 版 浙江时代出版服务有限公司
印 刷 浙江海虹彩色印务有限公司
开 本 710mm×1000mm 1/16
印 张 7.25
字 数 105千
版 印 次 2020年1月第1版 2020年1月第1次印刷
书 号 ISBN 978-7-308-19113-5
定 价 98.00元